URBAN NON-MOTORIZED TRANSPORT SYSTEM

城市慢行交通系统

吴洪洋　杜光远　尹志芳　编著

内 容 提 要

本书就我国城市慢行交通系统的发展现状、遇到的问题及挑战等方面进行了深入剖析，并介绍了国外典型城市慢行交通系统发展经验与启示，提出了我国城市慢行交通系统发展模式、发展要求和政策建议等。

本书可供国内外城市交通领域相关研究人员、政府交通管理人员参考，亦可供相关专业院校师生学习使用。

图书在版编目(CIP)数据

城市慢行交通系统 / 吴洪洋，杜光远，尹志芳编著. — 北京 : 人民交通出版社股份有限公司，2016.5
ISBN 978-7-114-12633-8

Ⅰ. ①城… Ⅱ. ①吴… ②杜… ③尹… Ⅲ. ①城市交通系统—研究 Ⅳ. ①U491.2

中国版本图书馆CIP数据核字（2015）第276491号

书　　名： 城市慢行交通系统
著 作 者： 吴洪洋　杜光远　尹志芳
责任编辑： 杨丽改　戴广超
出版发行： 人民交通出版社股份有限公司
地　　址：（100011）北京市朝阳区安定门外外馆斜街 3 号
网　　址： http://www.ccpress.com.cn
销售电话：（010）59757973
总 销 售： 人民交通出版社股份有限公司发行部
经　　销： 各地新华书店
印　　刷： 中国电影出版社印刷厂
开　　本： 787 × 960　1/16
印　　张： 11.25
字　　数： 150千
版　　次： 2016 年 5 月　第 1 版
印　　次： 2016 年 5 月　第 1 次印刷
书　　号： ISBN 978-7-114-12633-8
定　　价： 45.00元

编写组

组　长：吴洪洋　杜光远　尹志芳

成　员：李振宇　王江平　徐　畅　余　坤　廖　凯
赵海宾　李　超　牛　犇　刘蕾蕾　郭　忠
姜仙童　彭　婋　黄发明　宜毛毛　王寒松
钱贞国　程　悦　刘宝双

前言
Preface

慢行交通是相对于快速交通而言的，又称非机动化交通，包括步行和非机动车交通，由于许多城市的非机动车交通主要是自行车交通，因此，城市慢行交通系统主要是指由步行和自行车等组成的慢速出行方式。

城市慢行交通系统是城市综合交通系统的重要组成部分，是预防和缓解交通拥堵、减少大气污染和能源消耗的重要途径，关系着人民群众的生产生活和城市的可持续发展。

为推动我国城市慢行交通系统的健康发展，促进生态文明、美丽中国与和谐社会的建设，依托交通运输节能减排能力建设项目，2013年交通运输部科学研究院与交通运输部公路科学研究院联合成立了《城市慢行交通系统发展模式与推进方案研究》课题研究组，重点围绕城市慢行交通的发展模式和总体要求两个方面，在分析发展现状的基础上，借鉴国际城市慢行交通发展的经验与教训，提出了我国不同类型城市慢行交通系统发展模式建议和城市慢行交通系统发展的总体要求。

本书在编写过程中得到了美国能源基金会（The Energy

Foundation，EF），美国交通与发展政策研究所（Institute for Transportation and Development Pocicy，ITDP）等研究机构的大力支持和帮助，并提供了大量宝贵的资料和文献。

为了与城市交通领域相关的领导、专家学者、工作人员和国内外关心中国城市慢行交通发展的人士共同分享本课题的研究成果，我们将其整理出版。

由于时间和编者水平有限，书中不妥之处在所难免，敬请读者批评指正。

编著者

2015年7月

目录
Contents

第一章　城市慢行交通系统概述

第一节　城市慢行交通系统概念介绍 …………………………002

第二节　城市慢行交通系统的地位和作用 …………………006

第二章　我国城市慢行交通系统发展现状

第一节　我国城市慢行交通系统发展历程 …………………010

第二节　我国城市慢行交通系统发展现状 …………………012

第三节　国内典型城市慢行交通系统案例分析 ……………028

第三章　我国城市慢行交通系统发展的问题及挑战

第一节　我国城市慢行交通系统发展中存在的问题及成因 …………058

第二节　我国城市慢行交通系统的发展形势及挑战 ………066

第四章　国外典型城市慢行交通系统发展经验与启示

第一节　国外典型城市慢行交通系统发展经验 ……………074

第二节　国外经验对我国城市慢行交通系统发展的启示 …………098

第五章　城市慢行交通系统发展模式

第一节　城市慢行交通系统发展模式选择 …………………………106
第二节　城市慢行交通系统发展模式因素分析 ……………………111

第六章　城市慢行交通系统发展要求及建议

第一节　城市慢行交通系统的发展原则 ………………………………116
第二节　城市慢行交通系统发展的总体要求 ………………………117
第三节　城市综合客运枢纽与慢行交通系统一体化设置要求 ………120
第四节　城市公共交通系统与慢行交通系统一体化设置要求 ………126
第五节　城市公共自行车发展要求 …………………………………138
第六节　促进城市慢行交通系统发展的政策建议 ……………………147

附录

附录一　《国务院关于加强城市基础设施建设的意见》 ……………152
附录二　《住房城乡建设部　发展改革委　财政部关于加强
城市步行和自行车交通系统建设的指导意见》 ……………162

参考文献

城市慢行交通系统概述

第一节　城市慢行交通系统概念介绍

一、城市慢行交通

城市慢行交通是指步行或骑自行车等以人力为空间移动动力的交通方式，速度低于15km/h，由步行交通、常规自行车交通和公共自行车交通三部分组成。慢行交通系统是慢行交通的空间载体，是完成慢行交通活动的各种物质空间要素的总和。慢行交通系统空间形态上包括慢行交通分区和慢行交通单元、慢行交通路径、慢行交通节点等。总体来说，慢行交通系统不仅仅是交通方式，它也是城市活动系统的重要组成部分，连接与生活、娱乐、交往紧密相关的空间，提供丰富多样的出行体验，体现着交通和空间公平、健康生活的理念诉求。慢行交通系统的发展关系到整个城市的发展，直接影响人们的日常生活和出行，不同程度的改变城市的交通结构甚至城市结构。

城市慢行交通中的步行是最基本的出行方式，自行车是人类进入汽车社会之前的主要代步工具。随着城市交通的机动化进程，自行车在一些城市逐步淡出，但随着城市交通环境的恶化，慢行交通又逐步受到人们的重视，以减少低品质的交通环境对生活的影响，其基本特点可归纳如下：

（1）贯穿于城市公共空间的每个角落，满足居民出行、购物、休憩等需求。

（2）短距离出行有明显优势。慢行交通以人力为空间移动的动力，行进速度低（步行速度为2～8km/h，自行车速度一般在10km/h左右）出行距离较短，一般小于3km。

（3）绿色环保，无环境污染，还兼有锻炼身体的功效。

（4）在交通安全中处于弱势地位。

城市慢行交通融合了交通、商业、休闲、社会交往等多种活动于一体，是城市最主要的交通空间，也是一个生态与景观空间。城市慢行交通经历了从最初的传统慢行时代到汽车盛行的机动化时代的逐步退缩，又经历了人本主义思想和环保意识洗礼后的重新回归，城市的慢行化逐渐成为一种发展趋势和潮流。慢行交通作为城市绿色交通体系构建中的主导方式，是实现城市绿色交通不可或缺的基本要素。发展慢行交通，构建面向慢行友好的综合交通体系也是城市自身发展的迫切需要。

二、步行交通

步行交通以人力为空间移动的动力，平均出行速度较低，步行速度一般低于8km/h，也是人们兼顾健身的一种常用交通方式。

自2000年以来，我国各城市的居民出行调查数据表明，步行在出行总量中所占的比例约为30%，其中，在部分山地城市和小城市中步行出行量占到了出行总量的40%以上（图1–1）。但长期以来，城市道路规划建设对步行、非机动车交通的设施配置并不重视，设施供给水平与需求规模极不适应，行人经受着很大的不便和交通危险隐患。

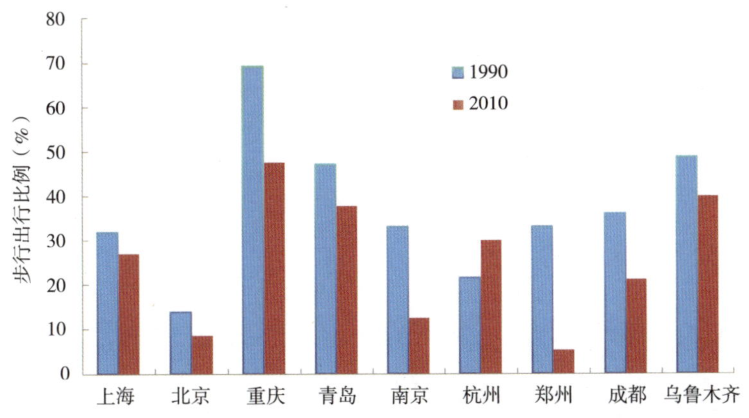

图1–1　1990年和2010年我国部分城市步行出行比例变化对比图

三、常规自行车交通

常规自行车交通也以人力作为空间移动的动力，其出行速度一般在10km/h左右，无环境污染，还能锻炼身体。

自行车作为交通工具在我国正经历着逐步衰落的过程。自行车在100多年前由西方传入中国，但直到20世纪60至70年代，自行车才开始被我国民众普遍使用。20世纪80年代，随着我国成为自行车生产大国，自行车保有量呈爆炸式增长，到1995年，自行车保有量达6.7亿辆，达到历史最高峰。此后，自行车数量迅速下降，到2001年，6年间自行车保有量下降了33%（图1-2）。截至2013年年底，我国自行车保有量为3.7亿辆。与此同时，我国的自行车骑行者数量每年下降2%～5%。

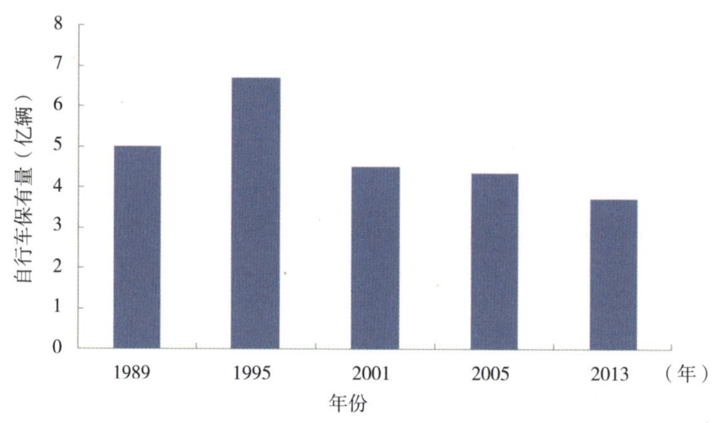

图1-2　我国自行车保有量变化情况

四、公共自行车系统

公共自行车系统是为满足公众短距离出行需要而建立的自行车公共管理和服务系统，是城市公共交通体系的组成部分。公共自行车系统集成众多先进技术及交通管理理念，在城市住宅小区、交通枢纽等关键节点设置公共自行车租赁服务站点，以无偿或有偿的方式为城市居民提供短途出行、不同交通方式换乘以及为旅游者提供观光游览等交通服务。租赁者可以在任意租赁站点借车、还车。

近年来，一些城市管理者意识到复兴自行车的必要性，开始推广公共自行车。2008年，杭州市在国内率先推出公共自行车租赁系统，随后武汉、太原、上海、银川等城市也纷纷推行公共自行车服务。截至2014年，全国已有100多个城市建立了公共自行车系统，为市民提供公共自行车服务，共计投入40多万辆公共自行车，其中，杭州、太原、北京、上海等十几个城市的公共自行车规模超过万辆，服务站点超过300个。

五、自行车专用道

自行车专用道是指在道路系统中，专门供自行车行驶的道路。自行车专用道路上，禁止机动车通行，以保障骑行者的安全。

长期以来，由于我国部分城市道路系统功能不明确，交通性和生活性道路功能合一，非机动车与机动车辆混行成为我国部分城市道路交通的普遍现象，建立自行车专用道系统，目的是实行非机动车与机动车分流，提供安全、舒适、高效的自行车通行环境。目前，我国自行车专用道路的类型主要有两种：独立的自行车专用道和自行车专用道。

1. 独立的自行车专用道

独立的自行车专用道不允许机动车进入，专供自行车通行。这种类型的道路可消除自行车与其他车辆的冲突，多用于自行车干道和各个交通区之间的主要通道，将城市各级中心、大型游览设施以及交通枢纽等端点连接起来，与城市主要交通流向一致，有利于减轻高峰时自行车流对机动车干道的干扰。

2. 自行车专用道

一种是用实物分隔的自行车专用道，即用绿化带或护栏与机动车道分开，不允许机动车辆进入。这种自行车道在路段上消除了自行车与其他车辆的冲突，但在道路交叉口自行车仍无法与机动车分开，多用于自行车干道和各交通区之间的主要联系通道。

另一种是划线分隔的自行车专用道，即在单幅路上与机动车道用标线分隔，布置于机动车道两侧。这种方式较为经济，但由于自行车与机动车未完全分开，相互干扰较大，安全性较差，适用于自行车交通量较小的各交通区之间及交通区内部的自行车道。

第二节　城市慢行交通系统的地位和作用

城市慢行交通系统隐含了公平和谐、以人为本和可持续发展的理念。在提高短程出行效率、填补公共交通服务空白、促进交通可持续发展、保障弱势群体出行便利等方面，具有机动化交通无法替代的作用，可以与私人机动化交通和公共交通相互竞争、相互配合，共同构成城市的客运交通系统。

一、衔接机动化出行方式的重要组成部分

城市慢行交通既是城市交通出行方式中的一类独立出行方式，也是衔接其他机动化出行的重要组成部分。不论城市社会经济发展到何种水平，它都是城市综合交通系统的重要组成部分，在城市交通可持续发展中受到鼓励与支持。同时，在大城市交通拥堵加剧的背景下，慢行交通与公共交通相结合的交通体系能够引导市民形成全新的出行观念。步行和自行车作为绿色交通方式，仍将是短距离出行的主要方式。

二、组成城市活动系统的重要部分

城市慢行交通不仅仅是一种交通出行方式，它更是城市活动的重要组成部分。城市慢行交通是实现人与人、面对面身心交流、释放城市紧张生活压力、感受城市精彩生活的重要活动载体。

营造环境优美、尺度宜人、高度人性化的城市慢行交通系统环境，可以增进市民之间的情感交流，保护市民的生活安全，促进城市居民创造力的发挥，并可直接促进城市休闲购物、旅游观光、文化创意产业的发展，从而增进提高城市整体魅力。

三、推动建设资源节约、环境友好型城市

我国城市土地资源紧缺，城市人口逐年增多，交通拥挤，城市病逐步显现，因此发展慢行交通这一低碳环保的交通方式是减少环境污染、降低能源消耗，实现城市低碳发展、可持续发展的重要途径，也是贯彻落实科学发展观和建设资源节约型社会的重要举措。同时，城市慢行交通能够降低交通运输的社会成本，提高交通设施综合效益，既符合国家可持续发展、社会经济集约化发展和高效节能的方针，也符合科学发展观的具体要求。在我国新型城镇化、机动化进程快速发展，城市交通拥堵和资源环境压力日益加剧的新形势下，迫切需要加快转变城市交通发展方式，不断提高城市慢行交通的吸引力，减少公众对机动车出行的依赖，加快城市慢行交通系统规划、设计、宣传、引导，更加注重科学发展，走资源节约型、环境友好型发展道路。

四、体现“以人为本”和社会公平性

慢行交通是城市交通系统的重要组成部分，是居民实现日常活动需求的重要方式和城市品位的象征。慢行交通不仅是居民休闲、购物、锻炼的重要

方式，也是居民短距离出行的主要方式，以及中、长距离出行中与公共交通接驳不可或缺的交通方式。以出行出发点、出行吸引点、轨道交通（换乘）站点等为中心的慢行圈的高品质建设，是保障慢行交通权利，提高慢行交通品质，引导城市交通出行方式结构合理化的重要环节。

在任何一个城市里，由于人们的生活方式、经济活动等方面的差异，导致其出行需求是多样化的。人们对交通方式的选择，一方面受自身的社会经济特点、家庭特点、工作和住宅地以及生活风格等因素影响。另一方面受可供选择的交通体系特点、价格、速度、服务频率、便利性、安全性等因素决定。单一的交通模式，会使人们的生活质量大为受限，以机动化出行为导向的城市发展，会带来一些很严重的后果，例如社会交通公平问题、健康安全隐患等。以科学发展观为指导，以建设和谐社会为目标，体现“以人为本”和公共性的城市交通系统，必须充分考虑非机动车和行人的交通空间，并为其提供连续、安全、温馨的通行空间。

第二章

我国城市慢行交通系统发展现状

第一节　我国城市慢行交通系统发展历程

城市慢行交通经历了从最初的传统慢行交通时代到汽车盛行的机动化时代，再经历了人本主义思想和环保意识的洗礼，到城市现代慢行交通主义的重新回归，城市的慢行交通化已成为一种发展趋势和潮流。慢行交通作为城市绿色交通体系构建中的主导方式，是实现城市绿色交通不可或缺的基本要素。发展慢行交通，构建面向慢行交通友好的综合交通体系也是城市自身发展的迫切需要。

一、传统慢行交通时代

城市步行交通在城市交通系统中的地位是随着社会经济的发展、交通工具的改进而变化的。道路和街道主要是根据陆上交通的需要而发展的。城市产生初期，人们很少有代步工具，城市道路只是一个简单实用的步行系统。马车交通的出行第一次使步行者受到了威胁，机动车的到来更加重了这种威胁程度。

自古以来步行活动就是城市最基本和最重要的交通方式。传统步行时代，人是城市空间的使用者，街道和广场均以人为尺度依据，城市规模保持在步行可承受的范围内。

自行车交通工具在中国已经有100多年的历史。自行车长期以来是中国的主要交通方式，特别是在经济发展的初期，交通方式选择余地较小，城市居民依靠自行车完成便捷的出行。20世纪70至80年代，中国自行车拥有量爆炸性的增长，成为名副其实的“自行车王国”。到1995年，中国自行车拥有量达6.7亿辆，约占同期世界自行车拥有量的1/3。

二、汽车盛行的机动化时代

随着中国城市经济的发展，城市规模不断扩大、机动车数量急剧增加，居民的出行距离不断增加，慢行交通难以满足人民的出行需求，其地位逐渐被机动化交通所取代，慢行交通面临着机动车交通的巨大挑战。在“以车为本”思想的指导下，慢行交通长期以来难以得到应有的重视，发展相对缓慢，尤其是在城市中心区，有限的道路资源往往优先分配给机动车，慢行交通空间不断受到压缩和侵占，慢行交通的出行环境每况愈下。

三、城市现代慢行交通主义的重新回归

根据国际特别是北欧地区慢行交通发展经验，20世纪70至80年代，人均GDP在1.3万至1.5万美元时，由于机动化带来的交通拥堵以及居民对生活品质要求的不断提高，人们的交通出行方式开始逐步由私家车交通转向慢行交通和公共交通。近年来我国大部分城市人均GDP按常住人口计算已经超过1.3万美元，居民对城市品质和出行要求开始显著提高和趋于多样化。借鉴国外先进的经验，发展慢行交通系统是缓解机动车发展带来的交通拥堵和环境污染问题的有效途径，是引导居民出行观念和出行方式转变的必由之路，同时也是提升城市居民生活品质、建设生态宜居城市的客观要求。在我国城市转型发展过程中，应当树立“以人为本”的理念，倡导低碳生活，构建慢行交通友好的综合交通体系。

此外，在资源条件不断约束、城市谋求转型发展的背景下，城市对于生态环境的重视程度也在不断提升，探索建设生态文明城市成为各个城市的共识。建设连续、安全、舒适的慢行交通系统，大力发展慢行交通和公共交通是建设文明生态宜居城市的必然要求。我国目前正处于一个城镇化时代、一个内需拉动的时代，一个生态文明的时代和一个协商合作的时代，上述发展

趋势的变化正是我国城市需要瞄准的方向，城市发展应该顺应时代趋势变化，转型升级，而城市交通作为城市最主要的支撑系统，势必应该提前转型。

重庆市从1997年开始，分别在市中心、沙坪坝、杨家坪等地区开辟步行区，建设成为国内山地城市规模较大的现代商业步行区，得到市民的广泛欢迎。南京市的城市步行交通规划，立足于整个城市人行交通体系的完善，建立“安全、便捷、舒适”的步行交通网络。广州在珠江新城建设二层步行系统走廊，实现人车分流。深圳市慢行交通系统将形成以轨道交通为核心、常规公交为主体的出行环境，积极引导“公共交通+慢行交通”出行模式，同时注重慢行交通环境的舒适性和趣味性，为市民提供一个安全、便捷、舒适、优美的慢行交通环境。依据《厦门市步行系统规划研究》，厦门在环湾地带、观音山片区等区域，形成不同层次和定位的步行区域，鼓励步行交通发展。国内城市开辟步行区及编制慢行交通相关规划的实例表明，对步行交通系统的重视，可以视为步行交通回归的必然途径。

第二节　我国城市慢行交通系统发展现状

一、服务水平现状

我国正处于快速城市化的转型阶段，城市交通具有明显的转型特征。从总体趋势来看，随着私家车保有量的大幅增长，全国城市居民的慢行交通出行比例迅速下降（表2-1），从20世纪80年代末的80%下降到2010年的43%。

我国部分城市慢行交通出行比率对比表　　表2-1

城市	调查年份（年）	步行（%）	自行车（%）	慢行交通（%）
上海	1995	31.8	31.8	63.6
	2012	26.9	20.7	47.6
北京	1990	13.8	54.0	67.8
	2010	8.6	17.8	26.4
重庆	1991	69.2	0.6	69.8
	2010	47.5	—	47.5
青岛	1993	47.1	17.9	65.0
	2010	37.7	0.9	38.6
南京	1986	33.1	44.1	77.2
	2009	12.6	48.2	60.8
杭州	1997	21.5	60.8	82.3
	2012	30.0	31.0	61.0
福州	1993	25.4	60.9	86.3
	2012	—	13.7	13.7
郑州	1988	33.0	63.0	96.0
	2010	5.2	18.0	23.2
成都	1987	36.0	54.6	90.6
	2010	21.1	25.7	46.8
乌鲁木齐	1993	48.7	21.9	70.6
	2010	39.9	2.8	42.6
温州	1999	27.3	44.3	71.6
	2010	42.4	6.0	48.4
苏州	1996	18.8	63.7	82.5
	2012	19.6	6.9	26.5

注：数据来源于2012年各城市公共交通发展水平报告

自行车出行比例正以年均2%～5%的比例下降。根据2010年的统计数据，北京市自行车出行比例从1990年的54%，下降到17.8%；深圳市从1995年的30%，下降到4.0%；温州市更是从1999年的44.3%，下降到6.0%。

与自行车相比，步行交通在大城市居民出行交通中所占比例变化幅度较小。步行交通虽然是原始的交通方式，但在现代城市居民出行交通体系中占有很大的比例。步行出行比例较高的几个城市（如重庆、贵阳、青岛等）多为山城，其地貌特征不适宜骑自行车。然而随着城市经济发展水平的提高，人们的出行日趋机动化，采用步行方式出行的居民将成为机动化交通方式出行的潜在使用者。

二、政策、法规与标准现状

近些年，我国从国家层面上先后颁布了一系列与慢行交通有关的政策、法规和标准（表2-2）。2012年，住房和城乡建设部、国家发展和改革委员会、财政部联合出台《关于加强城市步行和自行车交通系统建设的指导意见》（城建〔2012〕133号），要求到2015年，市区人口在1000万以上的城市，步行和自行车出行分担率需达45%以上，并将慢行交通系统建设作为申报“国家园林城市”、“中国人居环境奖”等奖项的必要条件。2013年9月，国务院办公厅发布的《国务院关于加强城市基础设施建设的意见》（国发〔2013〕36号）将城市交通基础设施建设放在首位，体现了交通的先导性作用和城市以人为本的出发点，其中慢行交通系统作为城市交通系统的重要组成部分被强调。2013年12月，住房和城乡建设部首次发布了《城市步行和自行车交通系统规划设计导则》，要求在2015年前，设市城市要编制完成城市步行和自行车交通系统规划，到2015年，建成100个左右城市（区）步行和自行车交通系统示范项目，步行和自行车出行分担率逐步提高，力争在现有基础上提高5%～10%。

城市慢行交通相关政策、法规、标准一览表 表2-2

类别	名 称	文 件 号	发布机构	发布时间	主要内容
政策类	《关于加强城市步行和自行车交通系统建设的指导意见》	建城〔2012〕133号	住房和城乡建设部、国家发展和改革委员会、财政部	2012年	大城市、特大城市发展步行和自行车交通，重点是解决中短距离出行与公共交通的接驳换乘；中小城市要将步行和自行车交通作为主要交通方式予以重点发展
	《国务院关于加强城市基础设施建设的意见》	国发〔2013〕36号	国务院	2013年	城市交通要树立行人优先的理念，改善居民出行环境，保障出行安全，倡导绿色出行。设市城市应建设城市步行、自行车“绿色通道”，加强行人过街设施、自行车停车设施、道路林荫绿化、照明等设施建设，切实转变过度依赖小汽车出行的交通发展模式
法规类	《中华人民共和国道路交通安全法》	中华人民共和国主席令第8号	全国人民代表大会常务委员会	2003年	右行、分道通行、专用车道的使用、通行原则、非机动车行驶规定、非机动车停放等
标准类	《城市步行和自行车交通系统规划设计导则》	建城〔2013〕192号	住房和城乡建设部	2013年	总则、术语和定义、基本规定、步行道网络规划、步行空间设计、步行环境设计、自行车道网络规划、自行车空间与环境设计、自行车停车设施设计、公共自行车系统、步行和自行车与公共交通的结合、步行和自行车与机动车交通的协调、其他要求等

此外，国内也有多个城市启动慢行交通的有关准则和标准研究。2008年，北京市编制了《北京（中心城）步行和自行车交通规划准则》（试

行），北京市是国内第一个编制此类准则的城市。

三、运营管理现状

慢行交通是一个集经济性与社会公益性于一体的领域，包括管理体制、规划布局、投融资体制、交通方式选择、运营组织、交通需求管理、交通流量控制与管理等方面的内容，涉及管理、法规、规划、工程、技术、财政、教育、环境、能源、信息以及人文等社会经济诸多学科领域。因此，有效的慢行交通管理机制要求在宏观、中观和微观各层面上的管理活动达到和谐、统一，而不是互相抵触或各行其是。

我国的城市交通管理体制基本上是计划经济体制下行业分割与部门分割、职能交叉重叠式管理模式的延续，虽然经过历次改革，也只是个别职能在新旧机构间进行转移，还没有从根本上解决原有体制的弊端。2008年“大部制”改革后，常规地面公交、出租汽车行业管理改由交通运输部管理，但城市慢行交通的发展、规划与建设等仍由住房和城乡建设部管理，而道路安全由公安部管理。城市慢行交通的发展和管理与多个部委都有着密切关系，这些部委在职能权责上存在交叉和联系。虽然各个部门都制定了属于自己管理权限范围内的一系列规章条例，但各部门的规章条例在本部门外缺乏权威性，不同部门之间的各种规章条例相互冲突、不统一、不协调。在现实中，一旦出现几个部门共同协调解决的问题，互相推诿现象普遍存在，规章的权威性和严肃性受到严重挑战。因此，慢行交通的发展需要建立一个多部门间长期有效的联合工作机制。

四、慢行交通出行现状调查

为全面掌握我国城市居民慢行交通出行的现状，扩大调查范围，此次调查采用网络问卷调查与城市大型社区“一对一”现场问卷调查。

（一）调查问卷统计与分析

1. 调查对象基本信息

由于网络调查的特殊性，调查对象的基本信息用于衡量调查样本是否具有一定的普遍性，以及群体的有效性。调查对象的基本信息对后续的统计与分析具有重要作用。本次调查获取的调查对象基本信息包括5项内容：年龄、职业、收入、地区和拥有交通工具情况。

1）年龄结构

接受调查的3887位被调查者中，年龄在15～23岁、24～30岁和大于55岁的人群被访者人数占少数，占样本总数的20%，年龄在31～40岁和41～55岁的人群被访者人数占样本的80%。关注城市绿色出行的人群年龄主要集中在31～40岁和41～55岁。接受调查的样本各年龄段数量及比例构成如表2-3所示。

被调查者各年龄段数量及构成比例 表2-3

年龄段（岁）	人数（人）	占比（%）
15 ～ 23	86	2.21
24 ～ 30	377	9.70
31 ～ 40	1525	39.23
41 ～ 55	1557	40.06
＞55	342	8.80

为进一步分析调查对象的年龄构成情况，将调查样本的年龄构成与2010年全国人口普查结果中的年龄构成情况进行对比，如图2-1所示。从对比结果可以发现，此次调查获得的样本在15～23岁的比例要低于全国水平，24～30

岁年龄段的比例与全国水平持平，31～40岁和41～55岁两个年龄段的比例则远高于全国水平，大于55岁年龄段的比例又低于全国水平。这个现象与实际情况相符，因为15～23岁和高于55岁的群体上网普及程度受限于学业和年龄两个因素，因此能够参与网络调查的比例相对较低，而其余年龄段的居民则具备上网时间、技能等条件，因此可以参加网络调查的比例相对较高。这一现象表明本次调查的样本正好覆盖了目前居民出行的主体部分，这些居民对绿色出行的认识具有重要意义。

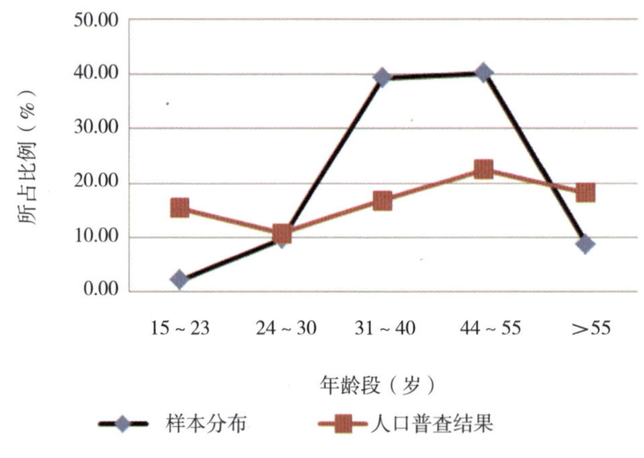

图2-1　调查样本年龄构成与2010年人口普查结果对比情况

2）职业特征

此次调查中，将职业分为教师、个体经营者、公务员、科研工作者、工人、驾驶员、公司职员、军人、农民、其他等15类，其余职业则根据调查对象实际情况进行选填。在数据分析过程中，对部分占比极低的职业进行了合并处理，其接受调查对象的职业分布特征如图2-2和表2-4所示。其中教师、科研工作者、公务员、公司职员等职业占比均在10%以上，说明受教育程度比较高的群体在问卷调查中参与度较高，也比较关心城市绿色出行。

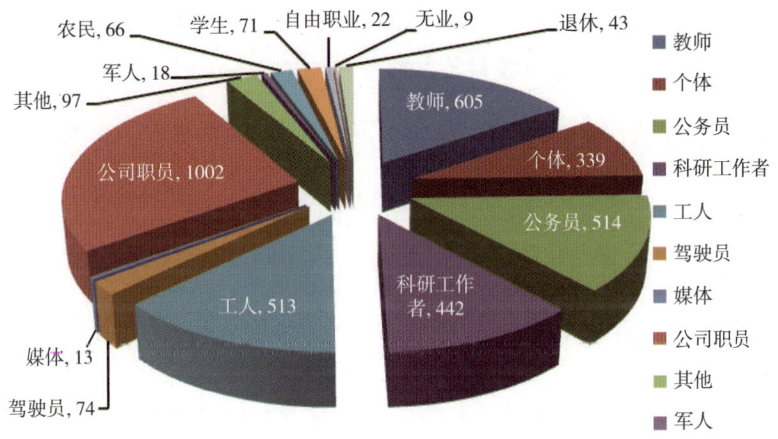

图2–2 调查对象的职业构成

接受调查的网友职业分布情况 表2–4

职 业	人 数（人）	占 比（%）	职 业	人 数（人）	占 比（%）
公司职员	1002	28.46	农民	66	1.87
教师	605	17.18	退休	43	1.22
公务员	514	14.60	自由职业	22	0.62
工人	513	14.57	军人	18	0.51
科研工作者	442	12.55	媒体	13	0.37
个体	339	9.63	无业	9	0.26
驾驶员	74	2.10	其他	97	2.75
学生	71	2.02			

3）收入特征

调查对象中，月收入在800元以下、801～1500元、9001～35000元和大于35000元的人数所占比例不到20%，月收入1501～4500元和4501～9000元的人数所占比例为84%。其中月收入1501～4500元调查人数占50%以上。调查对象的收入构成情况如表2–5所示。

调查对象月收入数量及构成百分比　　表2–5

月收入（元）	人数（人）	占比（%）
少于 800 元	113	2.91
801 ~ 1500 元	186	4.79
1501 ~ 4500 元	2184	56.19
4501 ~ 9000 元	1070	27.53
9001 ~ 35000 元	300	7.72
＞35000 元	34	0.87

这一结果与我国居民收入总体情况一致，即极低收入和高收入人群所占比例相对较低，中间收入人群占比较高。同时，极低收入人群也不具备接受网上调查的条件。根据此次调查，月收入为1501 ~ 4500元的群体是关注绿色出行的主要群体，这类人群也是城市居民的主要构成部分。

4）地区分布

调查对象所在地区以省一级为单位进行统计。根据调查结果，样本覆盖了我国31个省（自治区、直辖市），但缺乏香港特别行政区和澳门特别行政区的调查样本。调查样本所在地区构成情况如表2–6所示。

调查样本所在省、自治区、直辖市构成情况　　表2–6

地区	人数（人）	占比（%）	地区	人数（人）	占比（%）	地区	人数（人）	占比（%）
北京	620	15.95	辽宁	107	2.75	内蒙古	50	1.29
山东	346	8.90	福建	107	2.75	新疆	48	1.23
广东	323	8.31	山西	98	2.52	甘肃	41	1.05
江苏	263	6.77	陕西	98	2.52	云南	40	1.03

续上表

地区	人数（人）	占比（%）	地区	人数（人）	占比（%）	地区	人数（人）	占比（%）
河北	209	5.38	江西	82	2.11	贵州	25	0.64
河南	195	5.02	黑龙江	76	1.96	海南	18	0.46
浙江	166	4.27	吉林	69	1.78	青海	9	0.23
湖北	128	3.29	天津	63	1.62	宁夏	8	0.21
上海	124	3.19	重庆	56	1.44	西藏	2	0.05
广西	124	3.19	湖南	119	3.06	其他	39	1.00
安徽	122	3.14	四川	112	2.88			

从调查样本的区域分布情况来看，地域分布不均匀现象较为突出。其中北京市参与调查人数最多且为第二位山东省调查人数的2倍。居前7位的省（自治区、直辖市）的参与人数比例占全部调查样本数量的55%，并且这些省（自治区、直辖市）也恰好是2012年GDP总量在全国居前列的省份。这也从一个侧面说明经济发达区域的居民对绿色出行的参与程度较高。调查样本主要分布地区如图2-3所示。

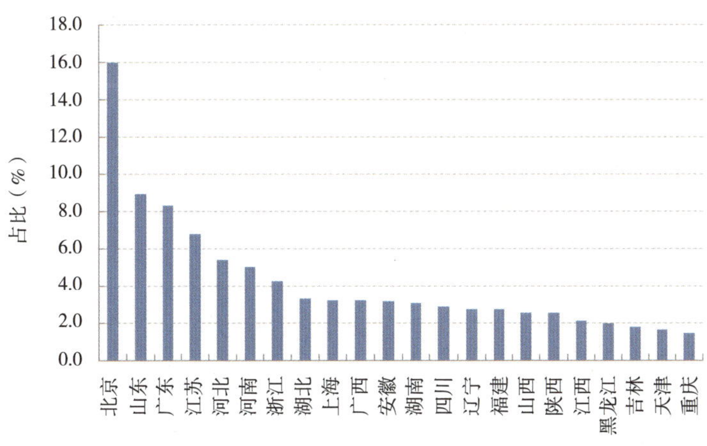

图2-3 调查样本主要分布地区

5）交通工具拥有情况

调查对象中，拥有自行车的人数最多，其次是拥有私人汽车的人数，极少数人没有任何交通工具，依据调查，各类交通工具拥有人数数量及构成比例如表2-7所示。从表2-7中数据可以看出，拥有私人汽车的调查对象所占比例为41.37%，这表明私人汽车在我国城市居民生活中已经较为普及，其出行已成为城市交通出行的常态化方式，并成为推动和实施绿色出行政策的重要挑战。

交通工具拥有人数数量及构成比例 表2-7

出行方式	数量（人）	占比（%）
自行车	2415	41.71
助动车	933	16.11
摩托车	571	9.86
私人汽车	1608	27.77
其他	263	4.54

6）主要结论

通过对调查对象的基本情况进行统计分析，得出以下初步结论：

（1）调查对象在年龄的分布上虽然不完全符合我国人口结构，但符合各个年龄段的实际情况，因此是可以信任的；

（2）调查对象职业分布满足我国大部分地区职业结构，教师、公务员、公司职员三个职业群体所占比例较高；

（3）调查对象收入基本符合我国国民收入结构，中等收入占据较高比例，低收入和高收入人群参与比例相对较低；

（4）私人汽车拥有率较高，有近半数的调查对象拥有私人小汽车；

（5）调查对象在地区分布上较全面，但经济发达区域的调查人数比例相对较高。

2. 慢行交通出行现状

1）选择步行与自行车出行的原因

锻炼身体、保护环境、距离较近是促使调查对象选择步行与自行车出行的主要原因。选择步行与自行车出行的样本量及其影响因素等情况如表2–8所示。

选择步行与自行车出行影响因素分析 表2–8

影响因素	人数（人）	占比（%）
锻炼身体	1380	35.50
距离较近	1222	31.44
环境保护意识	964	24.80
经济原因	300	7.72
其他	21	0.54

2）可接受的步行距离

调查对象基本上能接受500～1500m的步行距离，有1/3的人能接受1500m以上的步行距离，调查对象可接受的步行距离分布情况如表2–9所示。该结果有助于公交站点选址、公交换乘等交通规划与设计。

可接受的步行距离分布情况 表2–9

可接受距离（m）	人数（人）	占比（%）
50～100	19	0.49
101～500	286	7.36
501～1000	892	22.95
1001～1500	1386	35.66
＞1500	1304	33.55

3）可接受的自行车距离

调查对象基本上能接受1500～10000m的自行车出行距离。接近20%的人能接受10000m以上的自行车出行距离，可接受的自行车距离分布情况如表2–10所示。

可接受的自行车距离分布情况 表2–10

距离（m）	人数（人）	占比（%）
100 ～ 500	21	0.54
501 ～ 1500	164	4.22
1501 ～ 3000	830	21.35
3001 ～ 5000	1200	30.87
5001 ～ 10000	998	25.68
＞10000	674	17.34

4）自行车出行环境

作为一种绿色出行方式，骑自行车上下班的好处显而易见，但平时上下班全程骑自行车（含电动自行车）的比例却呈现下降趋势。

调查发现，上班距离太远；机动车挤占自行车道，干扰自行车正常行驶；现有的道路及设施（如高架桥、道路中央隔离带）造成骑车过街道不方便；存车地方太少，不太方便以及自行车容易丢失是被调查对象放弃自行车出行的主要原因。此外，还有超过20%的人担心骑自行车出行容易遭受汽车尾气、噪声污染 、公交车进出站的干扰，12.9%的人不愿骑自行车出行是由于攀比、虚荣心等心理作用，调查对象不选择自行车出行原因如图2–4所示。

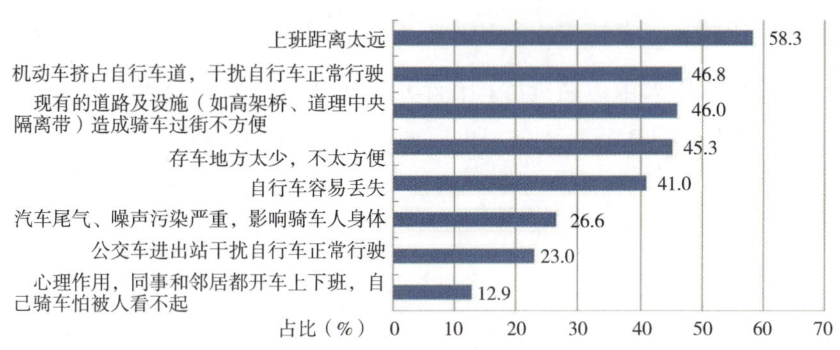

图2-4 调查对象不选择自行车出行的原因

5）步行出行环境

调查对象认为，车辆或其他设施侵占步行道、机动车不礼让步行道或斑马线上的行人，是影响步行环境的主要原因，只有8.57%的调查对象基本满意所在城市的步行环境，如表2-11所示。

调查对象对步行环境不满意的原因构成 表2-11

原　因	人数（人）	占比（%）
车辆或其他设施侵占步行道	2567	32.92
机动车不礼让步行道或斑马线上的行人	2120	27.19
路面条件太差（不平整、有障碍物）	1285	16.48
步行道太窄	1157	14.84
基本满意	668	8.57

6）全程自行车出行意愿分析

调查发现，如果城市影响自行车出行的主要问题得以解决，86.3%的受访者表示“会考虑”全程骑自行车（含电动自行车）上下班，“不会考虑”的比例仅占7.2%（图2-5）。这说明，在良好的交通环境条件下，人们骑车出行的意愿比较高，自行车出行比例提升空间也较大。因此，解决上班距离较远；机动车占用大量道路资源；存车地方太少且不便；自行车容易丢失等主要问题，是促进城市绿色交通发展、推动居民绿色出行的当务之急。

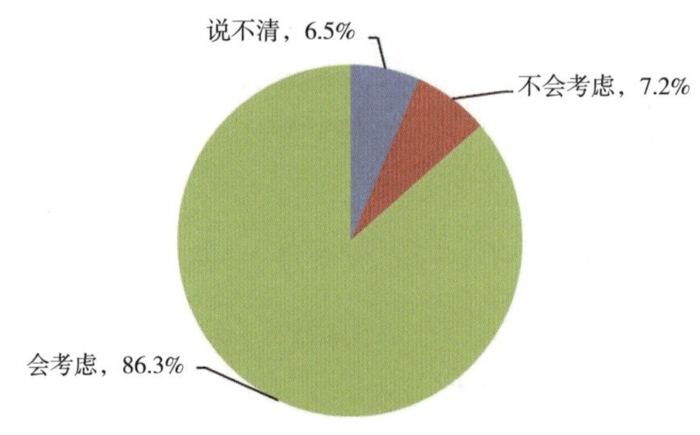

图2-5　居民全程骑自行车出行意愿

7）自行车与公共交通工具结合出行意愿分析

从家到公交车站、地铁站，从公交车站、地铁站到最终目的地常被称为公共交通难以覆盖的“最后一公里”。轻便、灵活的自行车与公共交通相结合的出行方式无疑是有效解决这一问题的良方。但公共交通工具上人太多，拥挤不堪；自行车存车地方太少，骑行不太方便；机动车挤占自行车道干扰自行车正常行驶；公共交通线路少，换乘不方便等问题仍然存在，而且成为影响居民选择自行车出行的主要原因。

调查显示，64.0%的人表示如果公共交通运力充足，不太拥挤，会考虑骑自行车和乘大众公共交通相结合的方式上下班；62.6%的人选择在地铁站或公交枢纽站设有安全的存车处情况下会考虑骑车；还有60.4%的人表示如果设置自行车专用道，会考虑全程骑车，因此，如果公共交通换乘方便、自行车存车收费合理，也会让更多的人考虑以骑自行车与乘公共交通工具相结合的方式出行。具体情况如图2-6所示。

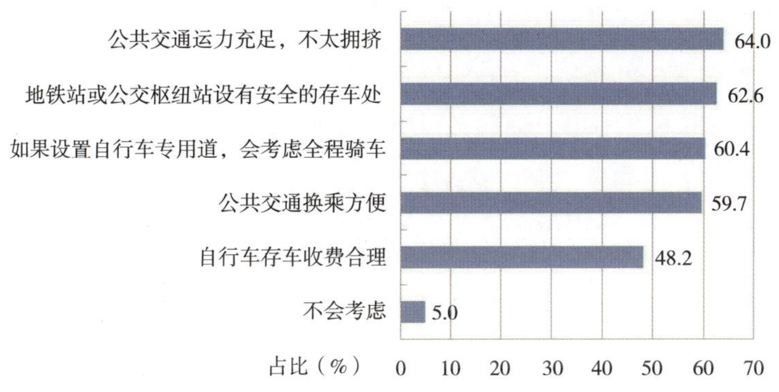

图2-6 考虑骑自行车和乘公共交通相结合的方式上下班情况

8）提高城市自行车出行比例的对策及建议调查

在要让更多人选择自行车出行这种低碳的出行方式，政府需要在哪些方面做工作的调查中，73.4%的人建议政府将自行车出行纳入现代化的交通体系，建设方便安全的自行车存车处，方便自行车出行；56.1%的人希望多在道路两旁修建自行车专用道；52.5%的人认为政府部门应该严厉打击机动车占用自行车道行走或者停放的交通违法行为，确保自行车出行安全。另外，在繁华的闹市区和较大面积的公园内应允许自行车出行呼声也较高。还有39.6%的人认为政府可采取税收优惠等经济手段，鼓励市民骑自行车出行；30.2%的人建议政府大力发展自行车租赁系统，方便市民多点存取，具体情况如图2-7所示。

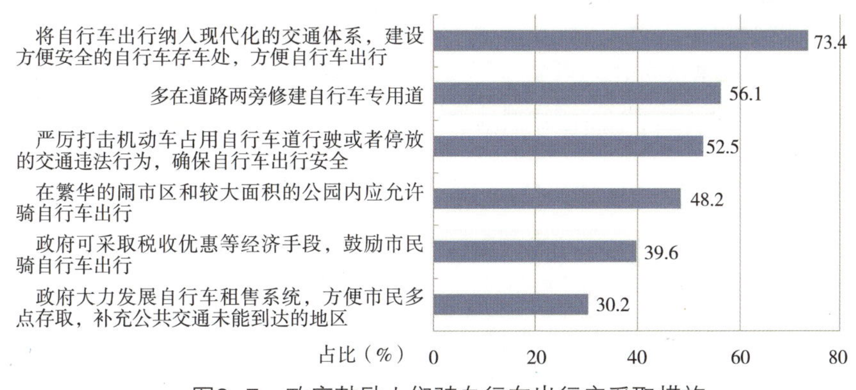

图2-7 政府鼓励人们骑自行车出行应采取措施

9）主要结论：

（1）大多数调查对象能接受1500m以下的步行路程；

（2）大多数调查对象能接受5000m以下的骑自行车路程；

（3）作为绿色出行方式，改善步行和自行车的出行环境非常迫切；

（4）步行中机动车对步行环境的影响最为严重，如抢行、占道等，直接影响到步行出行的安全和效率；

（5）自行车出行环境相比步行环境更差，自行车和机动车间干扰的矛盾尤为突出；

（6）总体上看，步行和自行车出行环境的恶化主要是机动车数量的快速增长造成的，过去一段时间道路管理部门为减少机动车交通拥堵，道路设施建设、交通空间与路权分配等均向机动车倾斜，造成步行和非机动车出行环境无法得到改善。

第三节　国内典型城市慢行交通系统案例分析

一、北京市慢行交通系统

2011年，北京市常住人口超过2000万人，机动车保有量超过500万辆，交通压力过大，发展慢行交通迫在眉睫。

（一）北京市慢行交通系统发展现状

2000—2010年，北京市慢行交通加公共交通的出行比例从65%下降到56.1%。慢行交通出行分担率的下降，其主要是由于自行车出行比例下降引起的。根据交通调查显示，2012年，北京市选择自行车出行的人数占客运出行总量的13.9%，但较2000年的38.5%，已经大幅度下降，1990～2012年自行车出行分担率如图2-8所示。

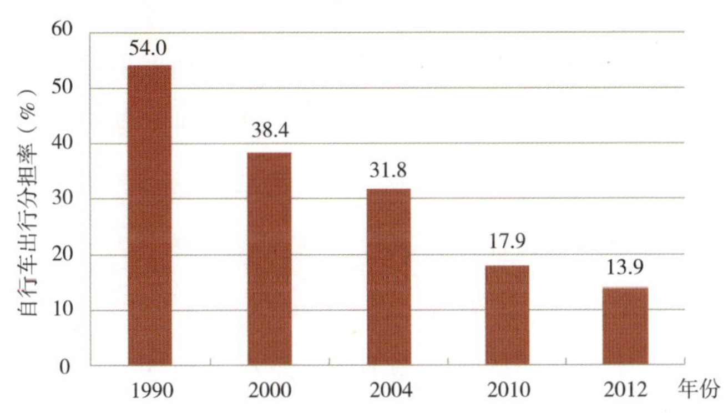

图2-8　北京市居民选择自行车出行的比例

（二）北京市慢行交通系统发展特点

1. 发展规划

2005年，《北京城市总体规划（2004年—2020年）》首次提出将“宜居城市”作为北京城市发展目标，同年出台的《北京交通发展纲要（2004年—2020年）》提出：“多方式协调的综合交通体系”，特别强调步行、自行车、地面公交和地铁在市内交通体系内的协调。2008年，北京市交通委员会和部分市政协委员及人大代表多次组织、参与了自行车出行的实地考察和部分地区试点的工作。在这个背景下出台了《北京（中心城）步行和自行车交通规划准则（试行）》、《典型大街步行和自行车交通规划设计改善方案》、《中关村西区行人和自行车系统改善设计方案》和《CBD行人和自行车系统改善设计方案》四个专题，其中《北京（中心城）步行和自行车交通规划准则（试行）》是国内第一个同类准则。

同年，北京市政府公布的《北京市建设人文交通、科技交通、绿色交通行动计划（2009年—2015年）》提出：全方位深化优先发展公共交通政策措施，以方便广大市民出行、最大限度减少路网交通负荷为目标，推进以轨道交通为骨干，地面公交为主体，步行和自行车等多种交通方式协调运转的绿色出行系统建设，实现交通与城市的和谐发展。特别提出，2015年自行车出行比例由2009年的18.1%增加到23%。此外，该计划还直接地关注了自行车出行的扶持策略。比如建立和完善步行和自行车交通服务工程；建设自行车专用道和行人步行道网络，加强路权管理；在客流集中地区增设自行车停车场，依托轨道交通站点和公交枢纽，设置约1000个自行车租赁点，形成5万辆以上租赁规模；在中关村西区等重点地区、重点大街和历史文化保护区，规划建设一批步行、自行车交通示范街区。与此同时在宣传教育、文明出行、绿色出行和低碳出行等方面都有具体的措施，例如通过开展“无车日”等活动，倡导乘坐公共交通工具，骑自行车和步行等绿色出行方式。

骑自行车出行作为低碳出行方式受到了政府的高度重视。针对北京市步行和自行车交通空间不断被挤占，行人路权受到侵害，特别是在安全方面存在严重隐患等问题，北京市交通委员会开展了步行和自行车交通试点项目研究，将广安门内大街、中关村西区和CBD作为试点研究地段。北京市正逐步将混行的自行车道与公交站台“隔离”，充分保障非机动车人的道路使用权，使自行车道更人性化、更舒适。

2. 公共自行车

2011年7月，北京市交通委员会启动了公共自行车试点工作，并明确了公共自行车的建设运营模式、收费标准、区域布局原则等内容。

2012年6月北京市投入首批2000辆公共自行车（图2–9）在东城区和朝阳区试运营。经过两年多的持续推进，截至2014年 8 月，全市已建成766个租赁站点，2.7万辆公共自行车。其中，城区1.6万辆，包括东城、西城、朝阳、丰台和石景山区，城区范围内车辆可跨区骑行、通存通取；郊区县1.1万辆，

图2-9 北京市公共自行车站点

包括通州、大兴、平谷和亦庄。网点和车辆在各区县的分布见表2-13。北京市公共自行车系统采取“免费+低价”收费模式，即1h内免费，1h以上收费1元/h，每24h的累计费用最高为10元，连续租用时间不超过3天。截至2014年8月，全市日均新办卡500张，全市累计办卡总量为14万张，车卡比为1∶5。车辆日均周转次数为4次/天，最高达10次/天，累计租车次数超过1078万次。总体来看，郊区公共自行车的使用率要比城区高。根据出行抽样调查结果，持卡市民以上班族为主，使用公共自行车主要用于日常上下班。

北京市公共自行车在各区县的分布 表2-12

<table>
<tr><th>区县</th><th>车辆数（辆）</th><th>站点数（个）</th><th>网点布设特点</th></tr>
<tr><td>东城</td><td>5000</td><td rowspan="5">城区 568</td><td rowspan="5">分布在西二环至东四环之间，与地铁 1 号线、2 号线、4 号线、5 号线、6 号线、10 号线东段接驳。沿地铁线路周围 3km 内</td></tr>
<tr><td>西城</td><td>2000</td></tr>
<tr><td>朝阳</td><td>5000</td></tr>
<tr><td>丰台</td><td>3000</td></tr>
<tr><td>石景山</td><td>1000</td></tr>
</table>

续上表

区县	车辆数（辆）	站点数（个）	网点布设特点
通州	4500	郊区 208	主要分布在大兴线、八通线、亦庄线地铁站周边区域
大兴	4000		
平谷	1500		
亦庄	1000		

北京市公共自行车系统采取“市级统筹、区县主责、企业运营”的模式。“市级统筹”即北京市政府统筹规划，提出原则，制定规章，统一标准，给予区县一定的初期建设经费支持；“区县主责”指区县政府承担工作推进的主体责任，负责委托经营主体，落实站点用地，组织站点建设，筹措资金，保证系统持续运营，做好更新维护，监管运营服务。“企业运营”指被委托的运营企业负责完备运营系统，执行规章制度，履行服务承诺。

公共自行车系统建设运营资金主要来源于市政府和区政府。市级承担试点区域公共自行车系统基础设施设备购置补助资金，包括自行车、锁桩、服务站点管理柱和监控设备。补助标准对城区为5000元/车，对郊区为3000元/车。区政府承担的费用包括基础设施建设费、场地使用费、运营维修费、管理用房等费用。

3. 北京市公共自行车系统存在的问题

1）资金短缺

北京市公共自行车系统建设资金从年度疏堵专项预算经费中给各区县拨付，各区县政府投入相应运行管理资金。由于公共自行车建设补助资金不一，加之各区县财政收入不同，区县的财政资金压力比较大。建设及运营的资金给予不足，也使各站点配置的服务人员远远不足，导致一些站点无车可借，而另一些站点无地可还，用户对公共自行车服务的投诉较多。

2）定位不明

北京市对公共自行车在城市交通中的功能定位不明确，没有法律或政策规定公共自行车是公共交通的一部分，应该享受相应的补贴或支持政策。

3）缺乏协调机制

公共自行车系统的建设涉及用地、用电、用网问题，由于各部门间条块分割的管理现状，各区县对租还站点的规划选址不是按居民出行需求确定，而是按土地、电力、网络的可得性来确定的。因此，存在着网点布局不合理、一些站点使用率低的现象。此外，在上下班高峰期，由于交通拥堵，公共自行车的调运车没有公共交通的行驶路权，车辆无法被及时配送，造成需求旺盛的站点无车可借，本已停满的站点无地可还的现象，用户投诉率很高。

4）相关部门职责不明

北京市公共自行车仍处于试点阶段，各区县的主管部门不统一，有的隶属于市政市容管理委员会，有的隶属交通局，运输管理局只是临时管理部门，导致管理机制不顺畅，出现问题协调困难。此外，由于公共自行车系统由多个经营主体运营，车辆维修、调度、救援等方面责任不清等问题也比较突出。

5）政策支持不够

由于没有相应的政策支持，各区县公共自行车系统单靠政府投资不可持续，广告代理、市场化经营等经营政策尚未突破，市民办卡交纳的诚信保证金，各运营企业只能存放在银行，无法灵活利用。

二、杭州市慢行交通系统

杭州市常住人口超过500万人，属典型的紧凑型城市，市区人口密度较大。杭州市区非机动车数量已超过550万辆，承担了全市居民30%以上的交通出行量。杭州市也是国内完整且系统地开展城市慢行交通系统规划实践的城市之一。

（一）杭州市慢行交通系统发展现状

2009年杭州提出要建立集城市轨道交通、公共自行车、常规地面公交、水上客运和出租汽车5种公共交通出行方式无缝衔接的城市公共交通系统。2010年，杭州市委、市政府发布了《关于深入实施公共交通优先发展战略，打造“品质公交”的实施意见》（市委〔2010〕5号），旨在构建“五位一体”的大公共交通营运结构体系，完善市域一体化的公共交通线路网络体系，以及适度超前的公共交通基础设施和承载能力，智能化、信息化的公共交通管理体系，形成品质至上的公共交通服务体系，落实优先发展公共交通的保障措施。同时，要求结合运河、河道、道路等，同步规划、同步设计、同步建设、同步投入使用步行、自行车交通系统，积极发展绿色交通。

1. 专项规划

2008年《杭州市慢行交通系统规划》编制完成，吸纳了已编制完成的《非机动车交通发展战略规划（2007年—2020年）》、《杭州市河道慢行交通系统规划》、《杭州市步行系统专项规划研究》等专项成果，构建“公交+慢行”一体化交通出行体系，发展多元化慢行交通模式，实现交通宁静化。《杭州市慢行交通系统规划》分为非机动车交通系统、步行交通系统以及重点风景区慢行交通系统三大部分。具体的规划举措有以下三个方面：

（1）将步行系统按功能分为中心区、居住区、混合功能区、交通枢纽区、历史街区、旅游风景区、文教区、工业仓储区8类步行单元，对每类单元分别提出步行规划原则与重点；

（2）将非机动车道路网络分为廊道、集散道、连通道、休闲道4个等级；

（3）构建公共自行车租赁系统及河道慢行交通系统。

2. 基础设施建设

经过几年的快速发展，杭州市慢行交通设施总体条件较好，道路两侧的非机动车道、人行道、人行横道、人行过街设施、残疾人无障碍通道等设施比较完善。西湖风景区内的步行、自行车交通体系和景区环境结合设置，在景区还分布有许多自行车租赁点，为游客提供了较为便捷、舒适、安全的慢行交通环境。通过近年来的道路整治工程，优化了非机动车和行人的通行条件。如设置了机动车、非机动车隔离带，公交港湾站。部分道路增设了人行二次过街安全岛，还建设了一批人行天桥和地下过街设施。

杭州市结合河道综合整治，支小路建设、背街小巷改造，坚持同步规划、同步设计、同步建设、同步投入使用，已建成比较完善的步行、自行车通道系统，为城市步行、自行车交通运行奠定了良好的设施基础。其中，主城依托道路、河道已建成近2000km（单向）的步行、自行车通道，基本实现“路路通、河河有”，步行和非机动车分担率均超过30%，被列为示范城市。其中，杭州市自行车道面积占城市道路总面积的22%。在城市干道上，采用隔离栏等隔离设施划定的自行车专用道长度占道路总长度的84%（图2–10）。

图2–10 杭州市城市道路的物理隔离

城市中心主要道路上普遍设有自行车停车场地，一般设在人行道与自行车道之间树木和灯杆的间隙处（图2–11）。

图2–11　杭州市自行车停车场地

此外，在比较宽的道路交叉口，还设有标识醒目的行人等候区（图2–12）。

图2–12　杭州市道路交叉口行人等候区

（二）杭州市慢行交通系统发展特点

杭州市主城区良好的道路条件为发展公共自行车奠定了基础，公共自行车的作用已从解决“公交最后一公里”拓展到通勤交通、生活购物、观光游览等多方面，优化了城市交通的出行结构。公共自行车服务水平与试运行期相比也得到了较大提升，淘汰了原地租还方式，解决了与公交车站衔接不够紧密的问题，实现了车辆配备多样化，服务点也从景区及休闲区逐步向城区扩散。

自2008年5月1日，杭州市率先推出并实施公共自行车系统，同年9月份开始正式运营，至2012年，公共自行车租赁点位已从61个增加到了2962个，自行车数量也从2800辆增加到了69750辆，日均租用量32万人次，年租用量达到9426.79万人次，日最高租用量达到37.85万人次。公共自行车正渐渐成为杭州市区居民的日常交通工具。

1. 运营管理

杭州市公共自行车租赁系统按公共服务定位设置，为国内先例，与国外的公共自行车系统也有所不同。政府除财政支持外（2008年杭州市政府为公共自行车系统提供了1.5亿元启动资金，其他资金由企业通过银行融资实现），还提供用地、自行车路权等多方面的保障。整个公共自行车系统依托公交系统建立，按照“政府引导、公司运作、政策保障、社会参与”的原则构建，以无人化，智能化为特点，利用物联网技术的网络和店面相结合模式，在校园、城市、景区等公共场所，提供公共自行车的租赁服务。杭州市交通局负责公共自行车系统的管理，相关企业负责规划建设以及日常维护。

2. 网点布设

公共自行车租赁站点布点原则：

（1）人行道宽度不小于3.5m；

（2）两个站点间服务半径在300～500m（在中心区按300m服务半径设置，市区按500m服务半径设置）；

（3）修建的站点不占用人行道盲道，不占压窨井盖、通信管网等市政设施，站点距离盲道大于0.25m；

（4）留出的人行道宽1.5m以上（图2-13），以保证骑车人、行人和轮椅通行；

图2-13 杭州市公共自行车站点

（5）为了安全，不在坡道上设置站点；

（6）尽量避免在店铺门口设置站点，优先考虑在路灯电源处设置站点。

3. 收费与信息化管理

考虑到社会效益，公共自行车的使用在1h内是免费的，同时，可以和公交卡通用，享受一定的公共交通优惠政策。公共自行车系统还采用自动化租用系统，提高了自行车租用的效率与准确性，科学的调度系统能够及时准确地掌握租赁点车辆的租还情况，如公共自行车系统采用智能化的物联网技术，每辆自行车都有唯一的电子标签号，每个车位都设置了自行车锁止器（图2-14），不仅可以用来锁车，还可以采集到停靠自行车的电子信息，并将自行车的使用与归还等相关信息传输到发卡管理中心。为了提升管理和服务水平，2013年，杭州市还制定了地方标准《城市公共自行车管理服务规范》（DB33/T 898—2013）。

图2-14 杭州市公共自行车锁止器

三、太原市慢行交通系统

太原市常住人口为420万人，在我国属于大城市，城市形态比较紧凑，适合发展慢行交通。

（一）太原市慢行交通系统发展现状

近年来，随着太原市经济的快速增长，私家车呈现“井喷式”增加的态势，交通拥堵已经成为太原市发展不可承受之重。太原市政府决定从2012年起，三年之内将太原打造成为“公交都市”。在“公交都市”建设背景下，太原市大力加强慢行交通系统建设，截至2013年，太原市区建成100km自行车专用道。

2012年6月太原市启动公共自行车项目，据统计，公共自行车自投入使用以来，47.5%的市民减少了乘坐公交车的次数，13.6%的市民减少了乘坐出租车的次数，19.9%的市民减少了开私家车的次数。太原市公共自行车建设资金由政府财政全额投入，由国有企业太原公共交通控股（集团）有限公司统一建设、统一管理，并坚持公益优先，实行1h内免费，以充分调动居民选用公共自行车出行的积极性。

（二）太原市慢行交通系统发展特点

公共自行车系统是太原创建“公交都市”必不可少的组成部分，与城市轨道交通、常规地面公交和出租汽车相互独立，并形成无缝对接共同构建成“四位一体”的城市公共交通发展模式。太原市公共自行车系统已成为仅次于杭州市的全国第二大公共自行车系统。其中，单车日周转次数、服务半径等数据已超过杭州，居全国首位。太原公共自行车租赁系统，在2012年9月底基本完工，并于当年国庆节前开始投入使用。截至2013年9月，全市开通服务站点1073个，投入自行车2.3万余辆，安装锁桩4.9万个；自行车租借总量达6700万余次，单日最高达44.33万次，单车日均周转次数最高达20.08次/车，日均免费租用率最高达99.66%。

1. 运营管理

太原市政府将公共自行车系统定位为公共交通系统的一部分，政府从战略上对企业进行引导和整合。由政府主导，企业对公共自行车系统进行运营和维护，这种模式在一定程度上可以使政府充分利用企业在控制成本、技术创新方面的优势，以及政府在引导和整合社会资源方面的优势。

2. 站点布设

太原市规划局负责太原公共自行车服务站点的选址工作，在2012年项目启动之初，分两批对服务站点进行选址。第一批200个服务站点设置在主城区范围内重点地域、主要干道、人流密集区域；第二批300个站点对第一批进行了补充、扩展，覆盖市区范围。市区内按照500m左右服务半径，在公交车站、商业中心、行政中心、旅游景点、医院、学校等周边设置服务站点。服务站点不设车棚，与城市景观相协调（图2–15）。

图2-15 太原市公共自行车服务点

3. 租用收费

太原市公共自行车系统采取智能化租用管理系统，市民可通过现有的公交IC卡自助租还车，而且可实现通租通还（图2-16）。自行车租赁实行实名

图2-16 太原市公共自行车站点自助查询机

制，以保障公共设施的安全，租车费用实行分段合计，阶梯式收费，意在培养用户随用随租，用后速还的习惯，以提高公共自行车的使用效率。租用收费标准按每次租用时间分段计费，按小时计费，不足1h的按1h计，累加收取（表2-13），重新租用时，重新计费。

太原市公共自行车收费标准　　表2-13

计费时段	收费标准	每次租用收费
第 1h 内	0 元	0 元
第 1 ~ 2h	1 元	1 元
第 2 ~ 3h	2 元	3 元
第 3 ~ 24h	3 元 /h	在 3 元基础上，每增加 1h 加收 3 元。24h（含）最高收费 66 元
第 24h 后	30 元 /h	在 66 元基础上，每增加 1h 加收 30 元。最高收费 1500 元

四、重庆市慢行交通系统

重庆市位于四川盆地东南部，地处川东平行岭谷南部，西跨盆中丘陵，南接川南山地，被长江、嘉陵江环抱，形如半岛，城市依山而建，高低起伏，素有“山城”之称。城市形态为典型的组团式多中心发展模式，组团间由山体、水系阻隔，彼此间仅通过数条道路或水路连接。

1. 重庆市慢行交通系统发展现状

重庆市属于典型的山地城市，地形复杂，道路坡度大，基本上没有自行车交通，出行方式主要是机动车和步行。截至2010年，重庆市市区常住人口约为800万人，随着经济的不断增长，机动化进程的加快，重庆市交通经历了从步行交通为主到机动车为主的发展模式，居民出行结构中步行出行所占比例逐渐降低，尤其是1991 ~ 2010年，步行出行比例大幅度下降（图2-17），到2010年，重庆市步行出行量占出行总量的47.5%，但与其他特大城市相比，其比例依然较大。

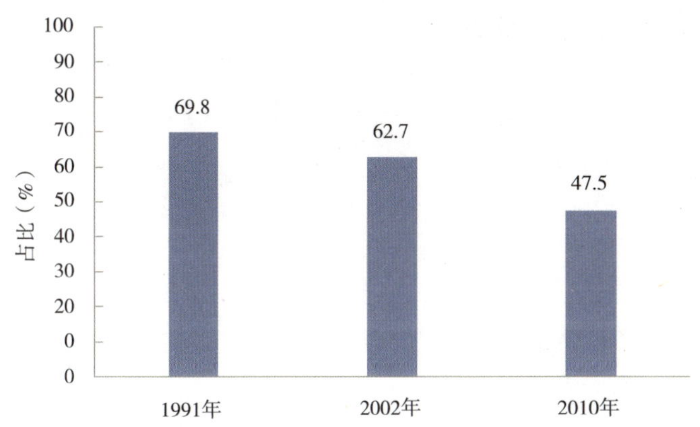

图2-17 重庆市主城区居民步行出行比例

总体来说，随着多年的城市建设，重庆市主城区已基本形成了依附于城市道路的人行道为主体、独立的人行步道和商业步行街为补充的城市交通性步行系统。交通性步行系统将城市交通源与各种交通工具联系到一起，满足了主城区居民日常出行的交通需求，使步行交通成为主城区居民出行的主要交通方式之一，也为减少道路机动车交通、保证城市道路正常运行提供了有力支撑。

2. 重庆市慢行交通系统存在的问题

纵观重庆市步行交通的发展状况，仍存在以下几个主要问题：

（1）依附于现存的不合理的城市路网系统，步行交通路网密度偏低，总量不足；

（2）人行道普遍比较狭窄，离两边商铺很近，步行交通空间小，步行交通环境差，行人步行舒适度低；

（3）步行交通道路与公共交通设施（公交停靠站、轨道车站等）衔接不够顺畅和紧密。居民步行到达公共交通站点换乘距离较长，换乘不便，限制了公共交通功能的发挥。

五、株洲市慢行交通系统

株洲市在我国属于中等城市。截至2012年，株洲市常住人口为98万人，自行车出行比例为15.2%。

（一）株洲市慢行交通系统发展现状

2011年株洲市成为我国第二批城市步行和自行车交通系统示范项目试点城市。2013年经交通运输部批准成为公交都市第二批建设示范城市。株洲市正在探索构建地铁、现代有轨电车、常规地面公交、社区公交、公共自行车相结合的公共交通体系。

1. 专项规划

2009年株洲市编制了《株洲市慢行交通系统规划（2009–2020）》，提出“一江、四港”、“两带、三廊”、“七片、多点”的慢行交通布局结构，在中心城区，初步形成了慢行交通主骨架，改善了慢行交通的出行环境。同年，《株洲市公共自行车租赁系统规划》提出建设“十一横十二纵”的步行和自行车主通廊系统，公共自行车租赁系统是其重要组成部分。2012年株洲市编制完成《株洲市步行与自行车交通系统专项规划（2012–2030）》，对绿道系统、步行交通系统和自行车系统提出进一步完善的策略，并提出中心城区慢行交通出行比例保持在50%左右（自行车15%，步行35%）的目标。此外，为进一步推进公共自行车租赁系统的发展，株洲市还出台了《株洲市加强公共自行车租赁系统建设和管理的实施意见》。

2. 基础设施建设

根据相关规划，株洲市已建成自行车绿道约80km，其中新建市区绿道13km，利用郊野旅游公路约20km，新建郊野绿道42km（图2–18）。

图2-18 株洲市民骑行在湘江慢行主通道

同时，株洲市还对全市74条城市道路进行了自行车专用道改造，主要形式有3类：

（1）人行道较宽的，在人行道上施划自行车道；

（2）压缩机动车道宽度，开辟自行车道，采用彩色沥青铺设，不设隔离设施；

（3）在无条件的地方，设置限速20km标识，自行车与机动车靠右侧混行。

目前，株洲市城区已建成非机动车道265km，这些慢行通廊有效地将各慢行片区串联了起来。

（二）株洲市慢行交通系统发展特点

株洲市公共自行车项目于2011年3月11日启动建设，5月6日投入运行，已建成自行车租赁点1018个，投放自行车2万辆，向市民发放租赁卡17万余张。株洲市公共自行车日均最高租还次数为15万次，其使用次数已超过1亿人次，平均每辆公共自行车每天使用9~10次（图2-19）。

图2-19 株洲市使用公共自行车的市民

1. 运营管理

株洲市公共自行车系统实行政府主导投资建设，购买运营维护服务的模式。株洲市将公共自行车系统确立为一把手工程，建立了强有力机构推进建设。成立了公共自行车租赁系统建设和管理领导小组，市委书记任政委，市长任组长，常务副市长为常务副组长，成员单位由市发改委、市建设局、市规划局、市交警支队、市工商局、市公安局、市交通局等部门组成。领导小组在市创建办下设办公室，由市政府副秘书长担任办公室主任，工作人员分别来自市城管执法局、市规划局、市园林绿化局、市交警支队等部门。

1）投资模式

公共自行车服务站点的一期建设和配套建设由政府全额投资，配套建设包括自行车道与监控系统建设。服务站点的二期建设采取政府和企业共同建设模式。

2）运营维护

株洲市提出市场化运营模式，通过购买服务的模式实现公共自行车系统的运营维护。由工程建设中标企业广东天轴车料有限公司与株洲市国有资产投资集团以60：40的股权比共同组建株洲建宁公司（建管一体模式）负责公共自行车租赁系统运营，运营期限为5年，在株洲建厂的同时开发市场，以产业链形式盘活带动产业发展，以达到“建设一个系统、引进一个企业、形成一个产业”的目标。市政府组织安排考核监督小组对运营公司实行服务质量考核，基本运营管理费用按月支付，奖惩费用按年终考评支付。株洲市公共自行车每年的运营管理成本在1000万元左右。

3）考核机制

株洲市政府创建办负责对公共自行车租赁系统运营管理公司的日常管理和服务质量进行考核，考核结果作为市财政核拨公司运营管理费用的主要依据。株洲市已拟定了《株洲市公共自行车租赁系统运营管理和服务质量考核办法》，采取按月考核基本运营管理工作与年终考核市民满意率及车辆使用率附加奖惩考核的方式。

按月考核采取日常监管和群众考评相结合的方式进行，每月通报考核结果，按月拨付运营管理费用。日常监管的主要内容为财政专项资金管理、领导交办督办事项、群众投诉处理情况、设备运行情况、设备清洁状况、新闻媒体曝光等方面；群众考评的主要内容为广大市民尤其是城管网格化管理信息采集员对全市公共自行车租赁系统设备运行情况所采集的数据。

年终考核是对自行车使用次数及市民满意率进行考核。自行车使用次数的考核是基于市民使用自行车的情况，确定公司对公共自行车租赁系统的运营管理成效，成效显著的实行奖励（如统计全年自行车的租借次数兑现奖励，按2万辆车基数计，自行车租借次数达3000万次/年不奖不罚；每超1次奖励0.4元，每少1次处罚0.4元；奖励和处罚不超过300万元）。市民满意率考核由市创建办委托中介机构组织调查，市民满意率达到95%不奖不罚，每超1%奖励30万元，每低1%处罚30万元。

2. 站点建设

株洲市树立了“打造特色，树立品牌，整体规划，一次建成”的建设理念，开展了全市整体布设服务站点规划，服务站点建设（公共自行车、智能停车柱、智能管理箱、后台管理系统）分两期实施：一期由政府投资，由中标企业负责建设；二期采取共建方式，由企业、高校、开发商、小区业主部分或全额出资，中标企业建设自行车租赁点，构建单位内部公共自行车循环系统；对于公共场所站点的建设资金，由市财政负担，对于主要为企事业单位、经营性场所和旅游景点服务的站点建设，费用主要由受益单位或业主承担，市财政给予20%～30%的补贴。两期工程总投资预算为2.5亿元，一期已投入资金1.1亿元，已建成的公共自行车租赁站点见图2-20。

图2-20　株洲市公共自行车租赁站点

3. 收费模式

实行“一次3h内免费，第4h按1元/h、第5h按2元/h、第5h以后按3元/h计费”的收费政策。市民只需凭有效身份证件交纳200元押金，预存100元租赁资费即可办理实名用户卡。押金的存量资金由运营企业代收，1天后转予株洲市财政部门，由市财政部门专门保管；预存资费由运营企业代为保管，用于市民退还卡业务的办理。此外，株洲市公共自行车还实行了旅游卡服务项目。

六、常州市慢行交通系统

常州市位于江苏省南部，市区常住人口为110万人，属于中等城市，2013年人均年生产总值达92994元。

（一）常州市慢行交通系统发展现状

常州市公共交通系统比较发达，尤其是快速公共汽车交通系统（Bus Rapid Transit，BRT）被誉为国内运营最为成功的案例，BRT已成为市民普遍采用的出行方式，因此也成功解决了常州市区的交通拥堵问题。常州市慢行交通系统的构建起步较晚，公共自行车系统也不算发达，但是慢行交通系统与公共交通的接驳和换乘较有特色。

1. 慢行交通系统规划

2013年常州市政府发布《常州市市区慢行系统规划》，根据规划方案，在常州市区中，尤其是沿河区域，将规划建设专门的步行道和自行车道，而且这些线路会连成一个整体、形成一个系统。常州市区（除金坛、溧阳）均为该规划范围，其中重点为常州主城区，即沪宁高速、沿江高速和西绕城高速形成的高速环内共380km^{2}的区域，规划目标是到2020年，建成“出行安全便捷，休闲自然惬意，宜行宜憩”的慢行系统。

常州市“休闲”的慢行交通系统规划理念的前提条件就是该市具有发达健全的公共交通系统。常州市有较为完善的BRT系统，结合即将动工的城市轨道交通，可以解决大部分居民的出行问题。而从家到公交车站、从公交车站到工作单位的“最后一公里”问题，也可以由公共自行车来解决。

2. 慢行交通系统建设

常州市区慢行交通系统主要由八大特色精品休闲路线与若干慢行休闲支线两大部分构成，形成“环线+放射”的蛛网状区域、市级慢行休闲通道格局。八大慢行精品休闲路线全长341km，串联了城市主要的自然与人文节点，形成了慢行交通骨干，强化了城乡联动，此外还有若干慢行休闲支线，全长近500km，串联了城市主要的商业、居住等功能区，面向社区，实现了全面覆盖。

根据常州市最近的规划方案，未来的城市慢行交通系统，“休闲”是主打概念，围绕着“休闲”这一理念，整个慢行交通系统分为以下三个层次：

（1）市域层面，主要考虑与省级环太湖绿道、沿江绿道、古运河观光带的衔接，依托区域型河流资源，形成沿江、沿河、沿湖三条横向区域休闲廊道。

（2）市区层面，建设“一带一心三环四区”的结构。其中，“一带”为老运河世界遗产风光带；“一心”为关河与老运河围绕的老城区，可体验最为浓郁的常州风土人情；“三环”是乡村风情环、环城郊野公园环和水城魅力环，其中乡村风情环以沿江、环湖等区域的绿道为依托，串联了乡郊地区，展示了自然山水与乡村风光。环城郊野公园环以郊野公园为依托，形成慢行绕城环线，即常州人自己的“翡翠项链”。水城魅力环以城市的水系为依托，串联各新城中心区。“四区”为小黄山、芳茂山、西太湖、太湖4个自然山水休闲区。

（3）主城区层面，形成以蝶形（以京杭大运河—关河为主体，以北塘河—横塘河—东支河和南运河—新运河—采菱港—长沟河为南北两翼）水上特色路径为骨架，串联城市主要商业、居住等功能区，与市域、市区两级体系共同形成面向社区、全面覆盖的慢行休闲交通网络。

（二）常州市慢行交通系统发展特点

常州市公交枢纽站在设计时充分考虑了与慢行交通系统的接驳，在每个枢纽场站都建有专用的自行车停车棚。另外，站场内人性化的标识和专用人行道为慢行交通出行者换乘公交提供了安全和便捷的保障（图2-21）。

图2-21　枢纽场站内换乘区间人行道

同时，在大部分的BRT站点都有过街地下通道，通道的进出口都设有自动扶梯（图2-22），极大地方便了乘客和步行者过街。

图2-22　常州市BRT通道的自动扶梯

七、昆山市慢行交通系统

昆山市位于江苏省东南部，市区人口为74万人，在我国属于中小型城市。2013年，昆山市蝉联全国百强县之首。

（一）昆山市慢行交通系统发展现状

昆山市是住房和城乡建设部批准的第一批步行和自行车交通系统示范城市。2010年9月，昆山市与维也纳、新加坡等5个城市获该年度联合国人居奖。

1. 慢行规划和政策

自2011年以来，昆山市先后完成了《昆山市中心城区步行和自行车交通系统专项规划》、《昆山市南部水乡古镇旅游片区公共自行车通道及驿站规划》、《昆山花桥国际商务城公共自行车规划设计与管理模式研究》和《昆山市阳澄湖休闲度假片区慢行空间景观规划》等与慢行交通有关的规划编制工作，并于2013年发布了《昆山市步行和自行车交通系统设计导则》。2014年3月昆山市政府出台了《关于加快构建绿色、便捷、畅通的现代交通体系的实施意见》并配套制定了三年行动计划，提出通过完成专项重点工作，构建绿色、便捷、畅通的现代交通体系。

2. 慢行交通系统建设与服务

目前，昆山市已实施完成步行、自行车的路权改善工作，建成了超过100km的自行车专用道，截至2015年，昆山将全面建成覆盖全市域范围的公共自行车交通系统，城市步行和自行车出行环境明显改善，中心城区步行和自行车交通系统网络基本形成，其步行、自行车出行分担率达到60%以上，其中公共自行车的分担率达到5%以上。

（二）昆山市慢行交通系统发展特点

作为慢行交通体系中的重要组成部分，昆山市公共自行车交通系统于2011年8月正式启用。昆山市政府联合相关部门组建了“示范项目”领导小组，把公共自行车定位为公交的延伸服务，并兼顾部分短距离出行。公共自行车已经成了众多昆山市民短途出行的首选交通工具（图2-23）。截至2013年年底，昆山市累计建设公共自行车服务站点346个，安装锁柱1.2万个，投放公共自行车1万辆，实现了公共自行车借还使用与调度监控智能化管理。昆山市公共自行车的使用率较高，已累计办卡25万余张，单车日均借还次数达到12.24次/日。

图2-23　昆山市公共自行车服务站点

1. 运营管理

1）运营模式

昆山市公共自行车采用政府向企业购买服务的方式。政府坚持高起点规划、高标准建设，确定了设备租赁、服务外包、市场运作、政府监管的运作模式，并通过公开招标的方式确定了昆山市公共自行车项目外包运行服务商。中标服务商全权负责项目建设和运营管理，政府采用按自行车数量支付租赁费的形式购买企业的服务，并对运营企业的服务质量进行监督考核，按年结算租赁费。政府每年大约为公共自行车项目支付700多万元，5年结清。如果企业服务质量考核差，政府将相应扣取一定比例的应付费用。租赁期结束后，项目设施、设备（自行车、锁柱、站点控制器等）归昆山市城市综合管理处所有，并由运营企业负责维护。

2）绩效考核

在项目实施过程中，绩效监管一直贯穿其中。城市管理部门和政府采购部门根据运营企业承诺和合同的约定，按考核标准对运营企业服务质量进行考核。考核内容包括公共自行车服务体系的站点管理、锁柱管理、设施维护、车辆状况、运转调度、站点卫生、客户服务、用户反馈等方面。考核结果报市财政局并依此支付租赁服务费。

3）调度管理

昆山市采用物联网等先进的信息化手段，实现了公共自行车使用与调度监控的智能化管理。各公共自行车站点真正实现了24h无人值守和通借通还功能，调度管理中心实时监控和调度各站点公共自行车的使用状态，运营公司实时掌握站点的公共自行车配置与取车等情况，对于公共自行车数量不足、过剩以及非法取车等异常情况系统会自动报警，提示调度管理中心进行实时调配。系统不仅可以远程实时监控和实施调度，也可以进行远程维护和故障处理。

昆山市还专门建立了昆山公共自行车网站，市民可对全市站点中的任意一个站点的车辆数与停车位数进行实时查询。每个公共自行车站点的控制器都可以实时查询用户的借还车信息，也可以实时查询周围站点可借可还的车辆信息（图2–24）。

图2-24 昆山市公共自行车站点查询机

2. 服务站点建设

昆山市公共自行车服务站点数量以及站点内自行车数量是根据实际情况进行设置的。具体的设置原则有以下几点：

（1）需求优先，先易后难。首先覆盖重要交通节点以及关乎民生的重要场所，逐步增加服务点。

（2）因地制宜、灵活调整。服务站点布设时视具体情况而定，并根据服务点的实际情况分阶段实施。

（3）远近结合，合理配置。服务站点配置的车辆数依据实际使用情况逐步增减，在重要的公交节点、主要的人流集中区域及大型风景点配置较多车辆，充分满足市民需求。

（4）安全第一，合理选址。考虑到安全问题，不得在小学门口设置服务站点。

3. 收费模式

昆山市公共自行车基本上实行全免费制度。昆山市民可以持市民卡、昆通卡在办卡点直接开通公共自行车服务。开通时需缴纳200元保证金。租车超时采用诚信扣分的形式，初次办卡时卡内预先赠送100分值，租车1h内免费不扣分，超时者按照5分/h扣除分；积分扣完后将只能以1元购5个积分的形式再次激活该卡。

自行车遗失的，使用者需到公共自行车管理中心，按出厂价办理赔偿手续。因使用不当，造成自行车车架和车轮发生断裂或扭曲变形的，按300元/辆赔偿。

我国城市慢行交通系统发展的问题及挑战

第一节　我国城市慢行交通系统发展中存在的问题及成因

一、存在的问题

1. 自行车道被压缩

根据《城市道路交通规划设计规范》（GB 50220—1995），自行车道路每条车道宽度宜为1m，靠路边和靠分隔带的一条车道侧向净空宽度应增加0.25m，自行车道路双向行驶的最小宽度宜为3.5m，混有其他非机动车的，单向行驶的最小宽度应为4.5m，但是我国大多数城市道路的自行车道没有物理隔离，而且为保证机动车的出行，建设中就将自行车道压缩到2.5m以下（图3-1），在一些城市道路上甚至取消了自行车道。

图3-1　被机动车挤占的自行车道

2. 自行车停车场地不足

我国许多城市都面临着自行车公共停车场地不足，自行车停车场无专人看管，自行车被盗等现象，尤其是在城市大型商场、超市、写字楼附近自行车停车场或自行车停车位严重不足，致使自行车停放到步行道和非机动车道上，迫使骑行者或步行者到机动车道上与机动车混行，安全隐患突出。

3. 人行道设置与使用得不到保障

与自行车道相比，人行道在设置和使用上均得不到保障。根据《城市道路交通规划设计规范》（GB 50220–1995），人行道宽度应按人行带的倍数计算，最小宽度不得小于1.5m。人行带的宽度和通行能力应符合表3–1的规定。

人行带宽度及通行能力 表3–1

所在地点	宽度（m）	最大通行能力（人/h）
城市道路	0.75	1800
车站码头、人行天桥和地道	0.90	1400

但许多城市步行道宽度不足，被压缩到0.5m以下，有的步行道被挤占或打断，甚至没有建设步行道。

步行道的质量和环境也难以保障，步行道上普遍被电线杆、垃圾桶、灯

图3–2 步行道被人为划作停车位

箱、售报亭以及车辆等占据（图3–2），并且还频频被通往商业建筑及停车场的车道所打断，甚至把行人挤得无路可走（图3–3）。

图3–3　被建筑物挤占的步行道

4. 过街设施不完善

城市中过街设施不足和设置不合理，导致了行人过街难，进而迫使行人翻越护栏和道路隔离带，造成危险隐患和交通混乱。城市过街设施不完善具体体现在以下几个方面：

（1）设置的过街天桥和地道的街道隔离栏太长，行人为了过街需要绕行很长的距离；

（2）在路段和道路交叉口，行人过街的相关交通标识、标志、标线不清或缺失；

（3）在有信号灯和人行横道的路口，过街绿灯时间太短，绿灯时间内行人无法通过。

（4）宽阔的道路交叉口未设置信号灯（图3–4）。

图3-4 缺少信号灯的宽阔人行道

在城市的绝大多数道路交叉口，步行者、骑行者与机动车共享同一空间。在有信号灯的情况下，慢行出行者与机动车仅以时间分离，而且由于与转弯车辆存在冲突，因此这种分离也是不完全的。其中，自行车左转问题比较突出，大多数城市没有设置专门的自行车左转信号灯或左转相位，造成交通混乱，如图3-5所示。

图3-5 机动车与非机动车混行

5. 慢行交通与其他交通方式缺乏有效衔接

我国多数城市慢行交通与其他交通方式，特别是与公共交通的有效衔接不足，不仅造成了慢行交通系统的使用不便，也阻碍了公共交通的发展。一方面，当出行点与周边公交站点之间的慢行系统不完善时，就会产生“乘车不便”的问题，增加出行者的出行时间。另一方面，换乘设施的布置或者设计不合理，也会造成快、慢交通出行方式接驳不便，使得慢行交通系统与其他交通系统（特别是公共交通系统）的衔接不顺畅。

6. 慢行交通处于弱势地位

我国大部分城市的慢行道和机动车道处于同一平面且无物理性隔离，机动车同非机动车混行、机动车挤占自行车道等现象普遍，造成慢行交通主体的安全受到威胁。与机动车出行相比，道路交通安全事故中，慢行主体受伤比率较高。另一方面，由于停车矛盾突出，很多城市的中心城区有大量路段已经默许机动车违章路内停车，而位于道路两侧的非机动车道首当其冲被机动车停车占用（图3-6），非机动车被迫进入机动车道或步行道行驶，造成机动车与非机动车混行、人车混行的混乱局面。

图3-6　自行车道被机动车停车占用

二、成因分析

分析上述慢行交通系统问题背后的成因，可以归结为以下几个方面：

1. 法规体系不完善

城市慢行交通法律法规是慢行交通健康发展的基本保障，是政府依法管理慢行交通的主要手段，也是规范政府、企业和使用者行为及其相互关系的法律依据。但目前我国尚无统一的保障慢行交通发展的法律法规，导致慢行交通发展的规划、建设、运营和管理等无法可依。城市慢行交通在用地、资金、路权等方面的需求也难以落实，设施建设“欠账”严重，道路用地被“挤占”或“挪用”现象普遍。慢行交通发展在很大程度上受领导意识和地方财力的影响，“有钱多做点，没钱放一放”，法规保障的缺失，严重制约了慢行交通的科学发展和资源节约、环境友好型社会建设的顺利推进。

2. 管理体制不顺畅

科学、高效的管理体制和运行机制是实现城市慢行交通可持续发展的重要保障，是构建现代综合运输体系和提高交通系统总体运行效率的基础条件。但由于我国现行的城市慢行交通管理体制不完善，严重制约了慢行交通事业的健康发展。全国36个中心城市中，仅有10个城市实行“一城一交”的综合管理模式，即由交通运输部门对道路和水路运输、城市公共交通、出租汽车实行行业统一管理。多数城市依然沿用传统的多部门交叉管理模式，即由交通、城建、市政、城管、公安等部门实施“多部门交叉”管理。

管理体制不顺畅导致各类交通资源分散于多个部门，权责脱节、效率低下、监管不力等现象普遍存在，影响了交通执政能力和运输服务水平的提升，成为制约城市科学发展的重要障碍。

3. 编制规划不到位

我国城市交通发展“重车轻人”情况比较普遍，城市交通规划建设主要考虑为机动车服务，而将自行车交通和步行交通置于边缘和从属地位，严重制约了慢行交通系统的发展。国内部分城市交通发展战略较少提及慢行交通，城市交通规划逐渐被机动车交通规划取代。

我国城市在规划层面上对慢行交通的重视程度不够，突出体现在以下两点：

1）城市空间规划中土地开发和交通需求不匹配

在我国快速城镇化进程中，处于建设中的城市，土地开发强度不断增大，但无论新老城区，城市土地开发和交通需求的匹配始终是一个突出问题。在中心城区，主要的问题是老旧路网无法支撑倍增的高强度土地开发。多数道路在设计时无法预计如今的机动化水平，在大量的支路、小道两侧建筑物密布，已经没有拓宽空间。在旧区改造过程中，地块容积率大幅提高，高层建筑拔地而起，交通出行需求激增，给周边道路带来极大的通行压力。为了应对这一情况，道路管理部门通过压缩步行道和非机动车道来满足机动化的出行需求，间接造成了慢行交通空间严重不足。在新建城区，则是另一个极端，大量高等级道路分割了土地空间，缺少城市支路，慢行交通被挤出，各交通方式间的连通性较差。

2）城市基础设施规划对慢行交通关注不够

城市道路中，存在大量人行道和非机动车道宽度不足的情况。有大量非机动车道路被压缩到2.5m以下，一些城市道路甚至直接取消了非机动车专用道，机动车与非机动车混行，带来大量的危险隐患。相比于非机动车道，步行道宽度更得不到保障，有些城市道路的部分步行道宽度甚至不足0.5m，形同虚设。

4. 城市设计缺少统筹考虑

一方面，慢行交通作为近年来城市交通发展的新态势，由于发展较快，很多城市未将其纳入总体规划；另一方面，受规划局限，步行道和非机动车道本身宽度已经不足，而不合理的设计更降低了有限空间的使用率。国内的步行道要承担普通步行、无障碍设施、公交设施（公交车站、车牌）、通信设施（电话亭、邮筒）、道路照明、电力设施（电线杆、变电箱）、绿化（花坛、行道树）、便民设施（长椅、书报亭、公共厕所）、环卫设施（废物箱）等多种功能，有时还要兼顾非机动车停车、社区机动车出入口等功能。这些功能分属于不同的职能部门，各自均有设计规范与要求，如果不统筹考虑，相互之间缺少衔接，各自为政，就会造成有限资源的浪费。

5. 财政投入不稳定

城市慢行交通的公益性，决定了政府在慢行交通发展中的主导地位。城市慢行交通基础设施建设、政策性亏损及信息化建设等，应由政府公共财政予以支持和保障。但在我国现行的财政制度下，城市慢行交通属于地方事权，中央财政尚无对慢行交通的专项资金补贴，地方政府也普遍缺乏规范化的投入机制，主要视其自身的财政状况，而采取临时性的资助措施。尽管全国各地的经济发展水平不同，对慢行交通的定位及认识有别，税费征收制度不一，但普遍缺乏专项、稳定的资金投入渠道和统一的扶持政策。资金缺乏导致慢行交通在专用道建设、公共自行车系统建设、信息化改造等方面发展缓慢，影响了慢行交通服务水平的提升，降低了慢行交通的吸引力，进一步刺激小汽车、摩托车等交通工具的高速增长，进而造成拥堵加剧，使城市交通陷入恶性循环。

第二节　我国城市慢行交通系统的发展形势及挑战

一、新型城镇化建设

党的十六大以来，我国城镇化发展迅速，2002—2011年，我国城镇化率以平均每年递增1.35个百分点的速度发展，城镇人口平均每年增长2096万人。2011年，城镇人口比例达到51.27%，比2002年上升了12.18个百分点，城镇人口为69079万人，比2002年增加了18867万人；乡村人口为65656万人，比2002年减少了12585万人（图3–7）。

我国城镇人口已超过农村人口，中国城市化进入快速发展阶段，这必将引起深刻的社会变革，也将成为中国发展过程中一个重大的指标性信号。城市的空间结构、产业定位、城市规划、城市等级和城市管理等都将面临新的发展历程。中国城镇化率历年分布值（图3–8）。

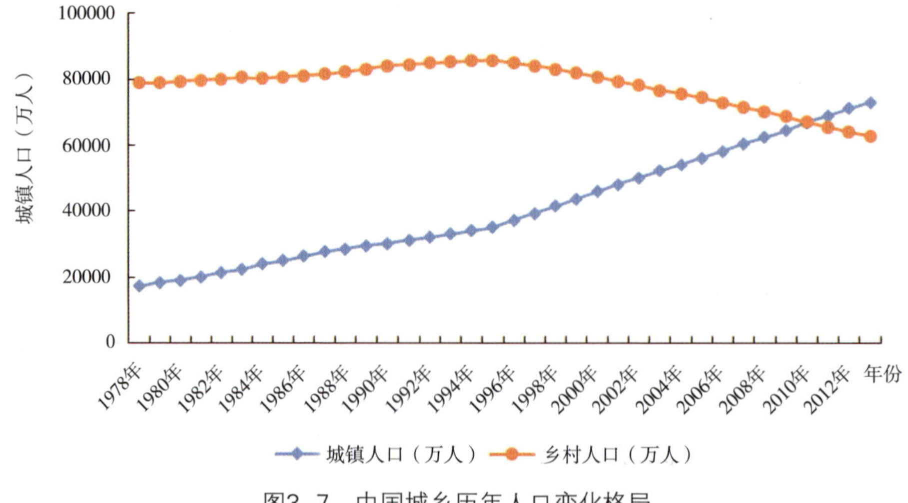

图3–7　中国城乡历年人口变化格局

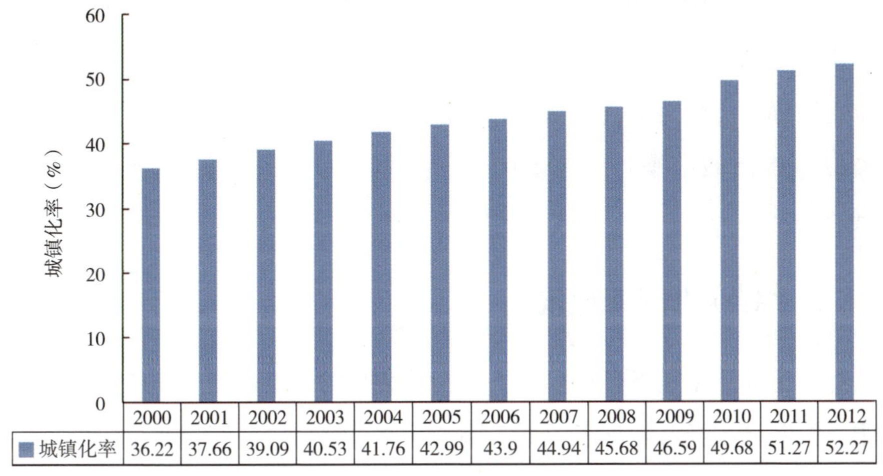

	2000	2001	2002	2003	2004	2005	2006	2007	2008	2009	2010	2011	2012
■城镇化率	36.22	37.66	39.09	40.53	41.76	42.99	43.9	44.94	45.68	46.59	49.68	51.27	52.27

图3–8　中国城镇化率历年分布值

2012年3月27日，国家发展和改革委员会副主任徐宪平发表《面向未来的中国城镇化道路》的讲话，提出了走公平共享、集约高效、可持续的城镇化道路，围绕城镇化战略格局，完善综合交通运输网络。

新型城镇化是以城乡统筹、城乡一体、产城互动、节约集约、生态宜居、和谐发展为基本特征的城镇化，是大中小城市、小城镇、新型农村社区协调发展、互促共进的城镇化。新型城镇化的核心在于不以牺牲农业和粮食、生态和环境为代价，着眼农民，涵盖农村，实现城乡基础设施一体化和公共服务均等化，促进经济社会发展，实现共同富裕。2014年3月16日，中共中央、国务院印发了《国家新型城镇化规划（2014年–2020年）》，提出了优先发展城市公共交通。将公共交通放在城市交通发展的首要位置，加快构建以公共交通为主体的城市机动化出行系统，积极发展快速公共汽车交通、现代有轨电车等大容量地面公共交通系统，科学有序推进城市轨道交通建设。

新型城镇化的快速发展以及国家对新型城镇化发展的相关要求，增加了城市慢行交通出行需求，为城市慢行交通发展带来了新的机遇与挑战，慢行交通需要借助新型城镇化发展的东风，从城市层面合理界定慢行交通的发展定位，明确慢行交通与其他交通方式在节点处的衔接，合理制定慢行交通发展规划，提高城市慢行交通的吸引力，以适应并不断促进新型城镇化的发展。

二、综合运输体系建设

综合运输体系是指各种运输方式在社会化的运输范围内和统一的运输过程中，按其技术经济特点组成分工协作、有机结合、连续贯通，布局合理的交通运输综合体。由铁路、公路、水路、管道和航空等各种运输方式及其线路、站场等组成。综合交通运输体系的快速发展，需要铁路、航空、水路、城市轨道交通和常规地面公交的快速建设和配合，更需要慢行交通作为居民交通出行“最后一公里”的优化衔接。慢行交通的快速发展，可以保障综合交通运输体系的完整。

2012年7月24日，国务院正式印发《“十二五”综合交通运输体系规划》（国发〔2012〕18号），其在主要任务中明确要强化城市公共交通。实施公共交通优先发展战略，满足市民基本出行和生活需求。逐步建设规模合理、网络通畅、结构优化、有效衔接的城市综合交通系统。完善城市公共交通基础设施，科学优化城市交通各子系统关系，统筹区域交通、城市对外交通、市区交通以及各种交通方式协调发展。完善机动车等停车系统及与公共交通设施的接驳系统。有效引导机动车的合理使用，推进自行车、步行等交通系统建设，方便换乘，倡导绿色出行。

2013年1月23日，国务院正式印发《循环经济发展战略及近期行动计划》（国发〔2013〕5号），在其构建绿色综合交通运输体系中明确了倡导绿色出行。完善城市交通系统，加强城市步行和自行车交通系统建设，加快发展轨道交通，推进不同公共交通体系之间以及市内公交系统与铁路、高速公路、机场等之间无缝衔接。引导居民外出多乘公共交通，少开私家车。在有条件的地区探索实行拼车出行，推广电话叫车、网络叫车，降低出租汽车空驶率。

“十二五”综合交通运输体系建设和循环经济发展战略明确了城市综合交通体系建设中慢行交通发展的重要性，推进慢行交通与公共交通、铁路、公路、航空的无缝衔接，是建设规模合理、网络通畅、结构优化、衔接有效的城市综合交通系统的重要保障。

三、小汽车需求快速增长

截至2013年年底，全国机动车数量突破2.5亿辆，机动车驾驶员近2.8亿人。全国民用汽车保有量达到13741万辆（包括三轮汽车和低速货车1058万辆），同比增长13.7%，其中私人汽车保有量10892万辆，同比增长17.0%。民用轿车保有量7126万辆，同比增长19.0%，其中私人轿车6410万辆，同比增长20.8%。全国有31个城市的汽车数量超过100万辆，其中北京、天津、成都、深圳、上海、广州、苏州、杭州8个城市汽车数量超过200万辆，北京市汽车超过500万辆。

小汽车的“高速度增长、高强度使用、高密度聚集”已经给城市发展带来了较为严重的影响，小汽车的快速发展，使得大部分城市的道路网络负荷达到了饱和状态，车辆行驶速度普遍低于20km/h，居民通勤出行时间较长，在中国科学院公布的《2010中国新型城市化报告》中，考察的50个主要城市中，有17个城市的居民上班的平均花费时间大于30min。北京市居民上班平均花费时间最长，居50个城市之首，为52min，其次为广州48min、上海47min、深圳46min。城市早、晚高峰通勤出行时间较长，导致了道路资源和时间成本的极大浪费，急需通过发展公共绿色交通出行来改善城市交通运行状况。

我国城市客运交通正处于公共绿色交通出行服务水平的提升与私人小汽车需求增长赛跑阶段。在我国大多数城市，一些有小汽车购买力的居民正处于交通出行方式选择的犹豫观望时期，在城市小汽车交通还没有成为城市出行主要方式之前，需要紧紧抓住调控的主动权和治理的最佳时机。如果城市公共绿色交通出行环境不能持续、显著改善，不能尽快给潜在的小汽车消费群体提供一个有足够吸引力的公共绿色交通出行服务系统，并采取足够影响小汽车消费的果断、有效的引导与控制政策，有效抑制小汽车“三高”态势，小汽车出行分担率上升的趋势将难以遏制。慢行交通作为公共绿色交通出行的重要构成部分，其发展是对公共绿色交通出行的大力支持，完善慢行交通与其他交通方式的衔接是增强公共绿色交通出行吸引力的有效手段，慢行交通基础设施、规划管理的提升对提升公共绿色交通的服务水平将起到非常重要的作用。

四、发展“四个交通”

在2014年全国交通运输工作会议上，交通运输部部长杨传堂做了《深化改革务实创新加快推进“四个交通”发展》的报告。提出了“四个交通”的概念，即全面深化改革，集中力量加快推进综合交通、智慧交通、绿色交通、平安交通的发展。其中，综合交通是核心，智慧交通是关键，绿色交通是引领，平安交通是基础，“四个交通”相互关联，相辅相成，共同构成了推进交通运输现代化发展的有机体系。

“四个交通”中绿色交通的提出，明确了绿色交通发展是建设生态文明的基本要求，是转变交通运输发展方式的重要途径，也是实现交通运输与资源环境和谐发展的应有之义。慢行交通作为绿色交通的重要组成部分，加速推进慢行交通基础设施建设、节能环保运输装备应用、集约高效运输组织体系建设、慢行交通信息化管理，通过运用大数据分析动态把握慢行交通出行特征，提高慢行交通与其他公共交通方式的换乘效率，对提高绿色交通出行比例，缓解城市拥堵，降低城市交通出行所引起的环境污染具有重要意义。慢行交通的建设将推动交通运输转入集约内涵式的发展轨道，提高交通运输设施装备节能环保水平，提高土地、岸线等资源利用效率，建成以低消耗、低排放、低污染、高效能、高效率、高效益为主要特征的绿色交通系统。

五、构建“公共交通＋慢行交通”发展模式

伴随城镇化进程的加快，城市交通出行需求出现井喷式增长，并表现出出行总量剧增、出行频度加大、出行距离变远、出行需求更加多样化等特点。城市空间的不断拉大导致慢行交通自身的弱点不断被放大显现。在国际上慢行交通发展越来越受到重视，尤其是与公共交通的一体化设计，充分发挥公共交通与慢行交通各自的优势，致力于建设由“公共交通+慢行交通”构成的绿色交通系统，并不断加宽步行道，设置自行车专用道，保障行人与自行车的道路资源，引导市民较大程度地选择步行与自行车出行方式。除此之外，将公交换乘、多种交通运输方式的无缝衔接及一体化发展纳入规划、体制机制设计与运输组织管理中，以提高城市综合交通系统的运行效率，进一步减少交通污染排放与能源消耗。

“公共交通+慢行交通”构成的绿色交通发展模式为城市交通拥堵治理提出了解决思路和操作方案，明确了慢行交通作为公共交通接驳换乘的功能定位，为慢行交通的发展带来了新的视野和活力。

第四章

国外典型城市慢行交通系统发展经验与启示

第一节　国外典型城市慢行交通系统发展经验

一、哥本哈根市慢行交通系统发展经验

（一）城市背景

哥本哈根市作为丹麦首都，是丹麦的政治、经济、文化中心，也是北欧最大的城市和重要的海、陆、空交通枢纽。位于丹麦最大的岛西兰岛上，下辖25个行政区，总面积2862km^2，人口181万，占全国总人口（537万）的34%；城区面积89.6km^2，人口54.9万（2012年）。哥本哈根既是传统的贸易和船运中心，又是新兴的制造业城市。哥本哈根虽然地理纬度较高，但属于温带海洋性气候，四季温和，年均降雨量700mm。夏季平均气温最高约为22℃，最低约为14℃，而冬季的最低气温约在0℃左右。

哥本哈根市曾被联合国人类住区规划署选为“最适合居住的城市”，并给予“最佳设计城市”评价。哥本哈根市素以重视环保和绿色出行闻名于世，是国际自行车联盟推选的世界上首个“自行车之城”。

（二）慢行交通系统发展沿革

哥本哈根市的慢行交通经历了“发展—萎缩—复兴”的发展历程，其在建设自行车专用道方面有着悠久历史，并在技术风格上形成了独特的地方特色。早在1934年，哥本哈根已经拥有约134km左右的自行车专用道。到20世纪60年代，机动化和郊区化使哥本哈根市内自行车出行量迅速减少，至70年代初已到了岌岌可危的局面。与此同时，欧洲城市交通拥堵和环境污染问题日

益突出，再加上1973年席卷全球的能源危机和经济萧条，促使哥本哈根市民开始反思并重新向往多元化交通出行方式。

1977年起，丹麦骑车者联合会在哥本哈根市发起一系列示威游行，要求政府限制机动车发展，为自行车提供更安全便捷的出行环境——这些活动也成为哥本哈根市政府此后推行自行车发展政策的导火索。1974年，丹麦骑车者联合会提出了第一个自行车网络规划，1980年，哥本哈根市政府通过了该项规划。1997年，政府出台《交通与环境规划》，明确了抑制小汽车交通增长、大力发展自行车和公共交通的总体目标。2000年，政府出台《城市交通改善计划》，对哥本哈根市自行车发展目标进行细化，并为同年通过《自行车道优先计划》和《自行车绿道计划》等具体实施项目奠定了基础。2001年，政府出台《哥本哈根交通安全规划》，提出在2001—2012年期间将自行车事故死亡率降低40%，至此，自行车已经逐步融入哥本哈根城市规划管理工作的各个层面。

2002年，哥本哈根市政府发布《自行车政策2002年—2012年》，第一次围绕发展自行车工作制定了一揽子计划，并提出9大“抓手”，包括：建设自行车专用道、设置自行车绿道、改善城市中心区自行车环境、加强自行车与公共交通接驳、改善自行车停车设施、优化交叉口设计、加强自行车道的养护、保持自行车道的清洁、重视宣传教育。2007年，政府在《生态都市》远景纲领中，正式提出要将哥本哈根建成“世界自行车最佳城市”，到2015年力争使本市自行车通勤分担率至少提高到50%。2012年夏，政府发布《气候规划》，提出到2025年将哥本哈根建设成为世界第一座碳中和城市，并再次重申50%自行车通勤分担率的宏伟目标，将发展自行车作为交通领域的减排重点。

自20世纪70年代末至今，哥本哈根市政府推行了一系列促进自行车交通复兴的政策和项目，成功遏制了自行车交通下滑的趋势，并实现了令世界惊叹的“V型”增长趋势。近5年来，哥本哈根市自行车出行分担率维持稳定，这在同时期内小汽车拥有量有所增加以及新开通地铁线的情况下是十分难得的。

（三）慢行交通系统的现状与特征

尽管哥本哈根市是欧洲人均收入最高的城市之一，但得益于高质量的绿色出行系统，哥本哈根市居民小汽车拥有率只有22.3%，远低于丹麦全国和邻国的平均水平。在哥本哈根，自行车交通、步行交通与机动车交通同样被看作独立的交通系统。政府认为自行车和步行这些非机动化的交通模式，不仅可以作为一种替代小汽车的出行方式，还是连接郊区铁路交通系统的有效方式，应大力提倡。

1. 自行车交通系统

在哥本哈根，自行车数量超过城市总人口，36%的市民每天依靠自行车通勤（图4-1），每年减少CO_2排放约9万t，而该市的目标是在2015年使自行车通勤比例达到50%。

图4-1　哥本哈根市内使用自行车的通勤族

1）城市规划

在城市布局规划方面，确保紧凑型发展，提倡短程通勤。城市内部和邻近地区的开发，避免无序蔓延；在较短通勤距离内实现通勤与居住平衡。更优化的社区规划（混合用地模式）和更紧凑的社区开发模式有利于人们在居住地通过骑自行车到达日常目的地，如办公地点、商铺、学校、公园和公共交通站点等。

2）自行车专用道

哥本哈根市自行车道网遍布全市的中心地区。市区内自行车道路网总长超过360km。市区内的自行车道基本上有两种形式，一种是独立设置的自行车专行道，一种是与汽车相伴而行的自行车专用道。独立设置的自行车专行道（如自行车绿道）规格较高，不仅提供较宽的自行车道，而且还附有步行道，在选线上注意利用绿化隔离以增强休闲性，并尽量减少与其他机动车道的交叉。

2001年，哥本哈根市政府出台《自行车绿道计划》，规划建设22条全长110km的自行车绿道网。自行车绿道的选线独立于繁忙的城市干道，穿越公园、滨水等开敞空间，并为联系城市主要的吸引点提供捷径。此外，自行车绿道与一般道路交叉时设置自行车优先过街标识，而需跨越车流较大的城市干道时则修建自行车专用桥避免平面交叉，进而确保自行车绿道上自行车通行的安全、快速、舒适。截至2010年，自行车绿道已实施完成42km，两座自行车专用桥也已建成并投入使用。

与汽车相伴而行的自行车专用道采用“抬起式”，为哥本哈根市所独有。之所以称“抬起式”，是由于这种自行车专用道路面始终比机动车道高出7～12cm，并用路缘石隔开，有独立排水系统。自行车专用道通常沿城市道路两边的步行道外侧设置，标志明显，标准宽度为2～2.5m。近年来，由于在某些繁忙路段出现了自行车拥堵情况，哥本哈根决定对这些路段的自行车专用道拓宽到3～4m。此外，哥本哈根还计划到2015年再修建50km的新自行车专用道。调查显示，每建成一条新的自行车道，该路段的骑车人数就会自动增加20%，而汽车数量会减少10%。

除上述市区内自行车专用道外，哥本哈根都市区还建设了自行车高速公路网。2010年，哥本哈根市政府联合周边22个市镇，提出合作打造哥本哈根都会区26条总长300km的自行车高速公路网。自行车高速公路主要以最短路径连接郊区居住区和市中心的办公、学校和公交站点等重要节点，引导住在郊区的市民选择10km以上的远途自行车通勤。第一条连接哥本哈根和阿卡普尔科自行车高速公路已于2012年4月开通，另外两条自行车高速公路也于2012年下半年开通。

3）交叉口自行车过街设施

交叉口是自行车与小汽车的交互节点，往往成为一个城市自行车交通系统安全、快捷、舒适度的短板。哥本哈根采取一系列措施突出交叉口自行车过街友好和优先，包括用红、绿色醒目标示自行车道，蓝亮色标示自行车过街带，前置自行车等待区，提前自行车停止线等。

此外，交通警示系统中所有的红绿灯都是按自行车的一般车速设置的，同时还设有专用的自行车通行信号灯并提前变绿，表明政府对该交通方式的鼓励。

2010年起，哥本哈根市政府还在许多交叉口路边安装了供等待信号灯的骑车者休息的“脚蹬”或“手扶”设施。上述人性化措施看似微不足道，却能够大大提升骑车人在交叉口过街的安全性、快捷性和舒适性，使骑车者产生骑车出行的优越感和尊严感。

4）自行车标识信息系统

自行车标识信息系统是自行车系统的重要组成部分，从规划设计到实施应与基础设施同步整合进行。硬件方面，哥本哈根市自行车道和停车场所的标识鲜明统一；沿自行车绿道还专门布设了特殊设计的标识柱，加强沿途指向性，并提供距离城市主要吸引点的里程信息。

软件方面，哥本哈根市政府不仅发放免费自行车地图，还搭建人性化的网上自行车地图网站，邀请市民了解并使用现有自行车设施，市民甚至足不出户便能设计自行车出行抵达目的地的最佳路线。近年来，创新技术的应用也使哥本哈根市自行车标识系统不断丰富完善。例如，哥本哈根市在自行车道旁安装特殊的“自行车计数器”，它能够自动识别经过的自行车并显示每日和每年的道路断面自行车累计流量，不仅可为政府提供实时数据，更增强了市民骑车的参与感和趣味性。

5）自行车信号绿波

哥本哈根市不仅推行独立的自行车信号灯，而且对自行车流量较大的交通走廊采取自行车信号联动控制，实现“绿波”效果，从而大大减少骑车者在交叉口的延误时间。2004年，自行车“绿波”首先被应用于城市主干路Norrebrogade。在上下班高峰时段，政府按照20km/h的自行车设计速度对该路段的13个信号灯路口采用自行车信号联动。实行“绿波”后，沿Norrebrogade的骑行速度从之前的15.5km/h提高到20.3km/h。此后，“绿波”陆续在哥本哈根市其他的一些路段得以实现。

6）自行车停车设施

自行车停车问题一直是哥本哈根市自行车系统建设中的难点。据2007年统计，哥本哈根市内路边共有自行车停车位20500个，却仍难以让市民满意。为此，哥本哈根市政府针对不同区域制定了差异化的渐进增量政策。例如，对于供需矛盾突出的居住区和办公区，允许并鼓励业主将机动车停车位改为自行车停车场地，平均每减少1个机动车停车位就能多停放10辆自行车。对于一般街道，允许在人行道转角处增设自行车停车设施。对于寸土寸金的商业街，允许临街店主利用人行道的剩余空间修建自行车停车架。对于新建项目，政府在2009年出台了城市建设管理规定，要求商业项目按每个工作岗位配套0.5个自行车停车位，新建居住项目自行车停车位配建标准为2.5个/100m^{2}建设。

7）自行车和公共交通的接驳

自行车交通和公共交通都有它们的局限性，不能满足所有的交通出行需求。2001年哥本哈根市发布的《自行车政策2002年—2012年》提出了将二者有机结合的方案。首先，政府十分重视主要公交站点与自行车停车设施的整合，如2011年对Svanemollen地铁站自行车停车设施进行改善，计划2014年完成对Norreport地铁站的改造，不仅增加自行车停车设施数量，更基于精细设计使自行车停车设施成为站台外观的魅力元素。由于哥本哈根市主要公交站点附近自行车乱停乱放问题时有发生，政府于2011年在市内6个地铁站启动“自行车管家”项目（The Bike Butler Project），政府每天派专人将占道自行车搬至指定地点，还对合理停放的自行车免费进行上机油、充气的服务。这一人性化措施初期效果明显，一方面地铁站附近乱停乱放自行车的数量大大减少，获得了市民肯定，另一方面也为城市失业者提供了宝贵的就业机会。此外，哥本哈根市的火车、地铁、公交车和出租车上都配有自行车车厢或车架等设施，允许市民携带自行车乘坐公交，并逐步由仅限非高峰时段扩展到全时段。

2. 自行车道的养护和管理

哥本哈根市政府不断加强对自行车道养护管理的工作力度。在资金方面，政府每年拨款800万丹麦克朗专门用于自行车道养护，并宣布2011年起每年增长1000万丹麦克朗。在运作方面，哥本哈根市政府对外包的清扫工作严格监管，并拓展民众自发监督渠道，建立官方网站用于市民随时举报自行车设施的问题和提供改进建议，取得了良好效果。

在管理方面，清理积雪是自行车道养护管理的重点。地方道路养护规范中特别规定对自行车道的清雪必须优先于机动车道进行，并且确保早高峰到来之前完成。据统计，哥本哈根市骑车群体中，70%的人即使在冬季仍继续采用自行车出行。此外，有效防止城市施工活动对自行车干扰是自行车道养护管理的另一项重点。如对地铁和建筑等建设项目，政府在封闭施工周边道路时仅禁止机动车通行，而对自行车保持开放。在施工时期公交运力受限的部分地铁站点，政府还计划采用公共自行车系统进行接驳，实现对公交客流的分流。

3. 自行车文化宣传教育活动

哥本哈根市长期以来一直非常重视自行车相关的宣传活动，如建立自行车大众网站以及每年举办自行车节、无车日、“骑车上班”等活动，旨在提升自行车形象。此外，哥本哈根市充分利用“名人效应”，政府官员、皇室成员等带头骑车并参与自行车宣传活动，被媒体和民众津津乐道。在哥本哈根市，每一名市民提到自行车都流露出自豪感和尊严感；一些当地企业则自发行动鼓励员工骑车，如为自行车停车场加盖顶棚，为骑车员工提供淋浴间等。

在培训教育方面，哥本哈根市政府非常重视针对各类人群的自行车培训工作，每年派训练有素的“自行车大使”到社区里为居民进行安全骑车的示范。对于青少年，哥本哈根市的学校则定期开展骑车教育和考核，并举办不同年龄段和技术水平的自行车大赛。对于迁入哥本哈根市的新市民（每年占全市人口约10%），政府还特别赠送一套“自行车大礼包”，内含自行车地图、骑车小贴士、自行车车灯等，以欢迎他们加入这座“自行车之城”，使新市民适应并享受自行车出行的生活方式。

哥本哈根市政府还采取一系列创新措施来宣传自行车出行文化。例如，自2007年起政府力推“I Bike Copenhagen”（意为“我在哥本哈根骑车”）标志作为重要的城市符号，不仅广布街头巷尾及市政公用设施，甚至植入日常生活用品设计，真正做到全时全方位向市民宣传哥本哈根“自行车之城”的理念。特色城市家具是哥本哈根市宣传自行车的另一项“武器”。例如，2011年起政府在街头摆放十分吸引眼球的“车形”装置，用于货运三轮车停放。车筐前置的货运三轮车是哥本哈根城市街道一道靓丽的风景，全市17%的家庭拥有货运三轮车，在日常生活中特别是购物、接送小孩时成为私家车的重要替代交通工具。政府还贴心布设专属的“车形”停放装置，进一步鼓励采用这种货运三轮车出行。

4. 公共自行车租赁系统

哥本哈根市在1995年推出名为“城市自行车”的自行车短期租赁计划。该计划希望为城市配备足够的“空闲”自行车，以满足“适当距离”的出行需求。该项目是哥本哈根市最主要的公共自行车租赁项目，由政府与私人联合经营，面向本市市民及游客免费开放。公共自行车为白色，与普通自行车在外观上区别明显。该项目在全市125个自行车停车站点投放了2000多辆公共自行车，使用者向投币机里投入20丹麦克朗作为押金就可以取到一辆自行车，并在归还该车后取回押金。实施这项计划的部分资金来自于自行车上的广告收入。公共自行车除了能加强公共交通的可达性外，还能够降低公共交通车厢内的自行车搭载量，从而为乘客提供更多的乘车空间。

除了政府层面出台的“城市自行车”项目，在哥本哈根市一些服务业也提供公共自行车，如哥本哈根市部分酒店就为宾客提供免费自行车租赁服务。公共自行车计划的实施除支持自行车出行外还为城市带来商业利益，帮助塑造哥本哈根市“自行车城市”的形象，也促进哥本哈根市发展成为一个旅游城市。在“城市自行车”项目基础上，2009年8月，哥本哈根市政府批准启动一个新的“自行车共享”项目方案设计招标，旨在联合“城市自行车”，为市民和游客建立舒适且方便使用的公共自行车租赁系统。

5. 步行交通系统

哥本哈根市中心曾经被汽车占领，它从1962年设立第一条步行街开始，之后几十年中通过渐变的方式，由步行街、广场、人车共享的步行优先街等共同构成1.15km^{2}的网络式步行区，增进了城市活力，也改善了城市人文品质。如今步行街、步行优先街道，加上小巷组成了中心区的核心区步行网络，经过市中心的交通有80%是步行交通。同时，市中心的18个广场完全取消了停车位，返还给市民作为休闲活动的场所，使这座城市成为步行者的天堂。政府还通过逐步改造一些道路与广场的策略，使市民有时间逐渐改变交通习惯与方式。2002年城市道路建设总投资为6000万丹麦克朗，其中1/3用来改善非机动车交通环境。

哥本哈根市还提出了“行人友好城市”十步计划：

（1）将街道转变成行人通路。城市在1962年把主要街道Stroge变成了人行道。在后来的几十年里，市区内又逐渐增加了很多行人专用街道，这些行人专用街道和行人享有优先权的街道（行人和骑自行车者有优先权，汽车只能低速慢行）相连。

（2）逐渐减少机动车交通量和停车位数量。为了保持交通量稳定，城市采取每年削减2%～3%机动车停车位数量的措施，来减少进入城市中心的机动车数量。1986—1996年，哥本哈根市内机动车停车位减少了600个。

（3）把停车场转变成公共广场。哥本哈根市在改造步行街的同时也将更多的机动车停车场改造成市民广场。在哥本哈根市中心区禁止机动车通行的步行网络中，步行街道占地面积为1/3，另外2/3是城市广场。

（4）发挥城市大空间范围和低密度优势。哥本哈根市区中心占地面积大，建筑物密度低，合理的空间结构、集约的土地使用、混合的功能布局有助于减少不必要的交通出行，有利于人们更多地使用公共交通和慢行交通。

（5）尊重人们崇尚人类空间的心理诉求。城市适度的面积和街道格局使得步行成为愉快的活动。历史建筑的遮阳棚、门廊等都可以为人们提供即时休息的地方，为步行的人们提供舒适的出行环境和身心愉悦的出行体验。

（6）降低人口中心对机动车的依赖。现哥本哈根市有6800位居民居住在城市中心，他们已经减少了出行时对汽车的依赖，并逐步感受到了步行和骑行的乐趣，而夜晚窗子里的灯光使得行人更有一种安全感。

（7）鼓励学生骑自行车上下学。学生骑自行车上下学不仅不会增加交通拥挤，他们的骑行活动还会使城市充满生气和活力。

（8）为人们配置适应季节变化的步行设施。夏季增加室外咖啡馆、公共广场和街头艺术表演等吸引行人；冬季在街头铺设溜冰道路，安装加热椅子和煤气加热器等，使得城市的步行活动充满温暖和乐趣。

（9）为自行车出行提供路权保障。在城市内新建和扩建自行车道，取消道路交叉口的机动车停车位设置为自行车交叉口。

（10）增加自行车可用性。人们在自行车租赁点可以花费20丹麦克朗租借1辆自行车，使用完后可以把自行车归还到城市中心的任意一个自行车租赁地点，押金会自动退回。

（四）慢行交通政策措施

丹麦政府要把哥本哈根市打造成为世界上最有利于自行车出行的城市，政府规划到2015年至少50%的人骑自行车上下班，至少80%的骑车者对交通状况满意。为此，政府将为哥本哈根市骑车者创造更好的出行条件，并制定了相应的政策和方案。

1. 自行车评估报告与专题研究

自1995年起，哥本哈根市每两年发布一次本市自行车评估报告（Bicycle Account），至今已发布9次。评估报告主体由民意调查、自行车基础设施评估以及规划目标实现情况评估三部分组成。该报告作为检验自行车交通相关政策落实与否的重要工具，同时也是确定新政策的重要依据。特别是历年报告都针对自行车交通的8个方面（包括城市整体自行车友好度、自行车专用道数量、自行车与公共交通接驳情况、自行车专用道条件、自行车专用道宽度、自行车停车条件、道路环境）进行民意测试，市民满意率的变化趋势和高低排序已成为哥本哈根市政府制定每一轮自行车政策和重点行动计划的风向标。

除一般性评估外，哥本哈根市政府对自行车设施具体技术问题组织专题研究。如委托道路交通研究与创新中心评估哥本哈根市自行车设施在道路安全、交通量及潜在危险的影响。针对民众骑车对吸入更多汽车尾气的担心，丹麦国家环境研究中心通过专题研究予以澄清。此外，哥本哈根市政府还对自行车设施项目开展“成本—效益”经济分析，并在估算效益时综合考虑省时、环保、健康等外部经济性，以证明投资的合理性。如对Bryggebro自行车桥的一项经济分析表明，项目建成后产生的社会效益比工程造价高出3300万丹麦克朗，投资回报率为7.6%。

2. 自行车交通相关的规划和方案

哥本哈根市早在1997年的《交通与环境规划》中就提出不再提高城市交通机动化水平，今后交通出行的增长由公共交通和自行车交通吸收。《公共交通规划1998》提出了将自行车带上公共交通车辆，进一步扩展了自行车的使用范围，并计划在公交新环线的所有车站及地铁车站附近设置自行车停车设施。2000年通过的《城市交通改善计划》中包括《改善自行车使用条件子计划》；2001年通过《自行车绿色路线方案》，并对《自行车道优先计划》进行了修订。《城市规划2001》中提出将自行车与公共交通相结合。2001年制定的《哥本哈根交通安全规划》对自行车交通的安全问题格外重视，其中的五个关注焦点中有两个是关于“自行车伤亡者”和“交叉口处的伤亡”。2003年设立了专门用于消减自行车伤亡人数和其他交通事故伤亡的基金。

二、阿姆斯特丹市慢行交通系统发展经验

（一）城市背景

阿姆斯特丹市是荷兰的首都，也是世界著名的自行车王国。阿姆斯特丹市拥有700年的历史，城市居住人口74万人，城市面积为219.4km^2，人口密度为4457人/ km^2。该地区气候宜人，冬季气温温和，很少低于0℃；夏季温暖但不炎热，平均最高气温仅有22℃。

经过几个阶段的发展，阿姆斯特丹市已从港口贸易城市发展成为集港口、

航空及服务业为一体的大都市。阿姆斯特丹市的CO2排放量占据了全国的1/3。为了减少碳排放量，阿姆斯特丹市政府制定了限制老旧汽车进入市中心的政策，从2009年底开始，所有1991年前生产的汽车都不允许进入阿姆斯特丹市中心区域。阿姆斯特丹市的短距离出行占出行总量的70%以上，几乎人手一辆自行车，每到周末，阿姆斯特丹市郊外自行车车流成为一道特别的风景线。

（二）慢行交通系统发展沿革

阿姆斯特丹市在19世纪就有了自行车。由于其地势低平、城市建筑布局紧凑、人口稠密、街道狭窄，自行车比汽车出行更加方便。但是随着汽车时代的到来，城市自行车的数量也曾一度大幅度下滑。二战时期，人们恐惧纳粹的暴行而远离了自行车，不敢单独骑车外出。随着汽车工业的发展，到20世纪60年代，机动化水平急剧上升，小汽车成为居民出行的必需品。到70年代初，随着小汽车的不断普及，城市空气质量不断下降，道路拥堵严重，交通安全问题日益成为政治问题。20世纪80年代初，荷兰政府根据国情重新审视交通政策，明确发展公共交通和自行车交通，将私人小汽车让位于公共交通和自行车交通。同时，还建设自行车专用道，限制小汽车居住区的行驶速度不得超过30km/h，以保护骑车人的安全。1992年，阿姆斯特丹市进行居民投票，并以1990年为基准制订出到2005年汽车交通消减30%的目标。

自1970年起，阿姆斯特丹市逐渐提高市中心小汽车停车费，1992年经市民投票通过的减少中心区小汽车停车位政策亦延续至今。到2000年，阿姆斯特丹市已有775km静化街道，至2007年，已建成200km独立自行车路，250km的静化自行车道（与机动车同用，但对机动车有限速政策）。2006年，政府出台了《选择自行车：2007年—2010年》，旨在解决自行车失窃严重、停车设施不足、出行安全有待提高、交叉口等候时间过长四大问题。同时推出“Park and Bike”计划，鼓励驾驶员将小汽车停于城市边缘，租用停车场的公共自行车继续出行。

（三）慢行交通系统的现状与特征

荷兰政府大力提倡人们以自行车作为代步工具，将其视为可持续发展交通发展战略的重要环节。阿姆斯特丹市实行自行车优先的交通政策，自行车交通功能定位为主要交通出行方式。城区内道路基本都设置了自行车专用通道，自行车交通出行占全方式客运出行的比例高达28%。阿姆斯特丹市74万常住居民拥有80万辆自行车，市民每人年均骑行距离达900km。阿姆斯特丹市政府要求官员骑自行车上下班。据统计，阿姆斯特丹市公务员外出办事70%使用自行车，见图4-2。

图4-2 阿姆斯特丹市街上骑自行车的市民

1. 慢行空间基础设施

阿姆斯特丹市的道路断面主要由慢行空间、机动车空间、轨道空间、水上交通接驳设施空间组成，而不同等级、宽度的道路在空间组合及使用方面具有不同的特点。

（1）干道。注重机动车和轨道空间的建设，但是不忽视慢行空间建设，尤其是非机动车空间，在码头附近设置水上交通接驳设施。

（2）支路。注重慢行和水上交通接驳设施的建设，机动车空间仅要求“通”，而不提倡效率，且采用单向行驶。

因此，阿姆斯特丹市的支路大部分为不对称断面，靠河道注重水陆接驳设施和自行车道的建设，靠近建筑注重步行道的建设。

慢行空间主要包括步行道和非机动车道。阿姆斯特丹市法律规定，城市规划中，道路设施不能截断主要自行车道，城市建设不能给自行车造成不便。按照交通规则对路权的规定，公共电车优先等级最高，其次是行人和自行车，最后才是小汽车。因此，几乎每条道路都设置了自行车专用道和步行道。道路交叉口、跨河道桥梁均考虑非机动车道优先和连续骑行（图4-3、

图4-3　阿姆斯特丹市的自行车专用道

图4-4　阿姆斯特丹市的自行车专用道红绿指示灯

图4–4）。此外，每个公园都有专门的自行车通道，部分自然保护区不开通机动车道，却专门开辟了自行车路线供人们骑行游览。阿姆斯特丹市的自行车道长达400km，并且路边有供骑行者停歇用的脚踏装置。

由于阿姆斯特丹市机动车道和慢行道基本在同一平面上，因此非机动车道布置与机动车道的关系处理是关键。据分析，阿姆斯特丹市有三种非机动车道布置形式，即机动车、非机动车物理隔离、机动车、非机动车划线隔离、机动车、非机动车混行。干道一般采用机动车、非机动车物理隔离、机动车、非机动车划线隔离，并使用彩色沥青路面区分机动车道与非机动车道，支路采取机动车、非机动车划线隔离、机动车、非机动车混行。

2. 自行车停车场

在阿姆斯特丹市公园、市中心、学校、广场、火车站都有自行车停车场，且大部分免费，每辆自行车有固定车架，方便上锁绑定（图4–5）。阿姆斯特丹市是个“水都”，有165条纵横交错的大小运河，运河上有近1300座大大小小的桥梁。除了栏杆和灯柱外，桥梁成了几十万辆自行车理想的存车处。远远望去，每座桥上两侧铁栏杆上顺序排放整齐的自行车，构成了阿姆斯特丹市的特有景色（图4–6）。

图4–5　阿姆斯特丹市火车站室内双层自行车停放处

图4-6　阿姆斯特丹市运河边排放整齐的自行车

3. 自行车装置

为确保安全，荷兰的自行车在设计时考虑同时采用手制动和脚制动两种制动装置，此外还配备有前后车灯。夜间骑车必须保证前后两盏车灯同时闪亮照明，灯既可安装在车上也可以佩戴在骑车者身上，但必须配置前后两盏，如果没有车灯将面临30欧元罚款，有车灯不闪亮则会被处以10欧元的罚款。车灯的能源绝对清洁，完全依靠骑车人的动力转换而来而不配备干电池。自行车要定期检查维修，在道路上行驶的自行车一旦被发现存在不安全因素，骑车者将被罚款，如自行车车铃不完善，罚款20欧元；制动装置不完善，罚款30欧元；手把不完善，罚款50欧元。

4. 公共自行车系统

在20世纪60年代，阿姆斯特丹市有了第一代免费使用的公共自行车——

“白色自行车”。20世纪末，阿姆斯特丹市已经采用了先进的电子信息集成技术，管理公共自行车系统。阿姆斯特丹市有140家自行车租赁点，除租赁外也提供自行车存放、维修和销售服务。使用者只需付少量租金，并按自行车的新旧程度交付一些押金，就可以租一辆普通的自行车使用。

（四）慢行交通政策措施

1. 交通方式转换措施

为改善自行车的骑行环境，荷兰交通部制定并推进由使用汽车出行向使用自行车及自行车与公共交通并用的转换措施，并为此整顿、增设自行车停车场以及加强防盗措施。该转换措施的标准是5km以内的出行，自行车出行的时间比汽车短。

2. 交通静化措施

居住区的交通静化措施使骑行者便捷和安全。居住区街道是构成整个自行车网络体系的重要组成部分，在这些交通量不大的街道上，既不可能也没有必要提供专用自行车道。在荷兰，丹麦和德国，大部分居住区的街道都经过了交通静化处理，不仅法定限制时速30km/h，通常还禁止这些街道上的穿越性交通流。荷兰的一些城市，对街道进行了大量改造，比如缩减道路宽度、凸起式交叉口，设置凸起式人行横道、环形交叉口、曲折式行进路线、减速丘以及通过街区内部封闭形成的人造断头路等。自行车几乎在所有静化处理过的街道上都能双向行驶，即使其中有些街道对汽车实施单行限制，自行车也能双向行驶。这也进一步提升了自行车出行的灵活性。“绿地安全道路”或“住宅区域”是交通静化控制最严格的形式，车辆在这些区域内仅能以步行的速度通行。行人、自行车以及在路上玩耍的儿童拥有与机动车同等的路权，机动车会主动避让行人和自行车。

3. 限制小汽车的措施

通过财税和行政手段限制小汽车在中心城区的出行，间接地促进自行车的使用。这些财税和行政手段涵盖了小汽车的拥有、使用和停放环节。财税手段主要体现在燃油税、新车购置税、进口关税、注册登记费、牌照费、驾驶员培训费、停车费等费用方面都较高。此外，还会对进城的小汽车收取更高的停车费用，如为控制市内停车，对市内停车收取30欧元每小时的费用，而对违法停车采用收取比管理费高3倍以上的罚款。高昂的成本一定程度上抑制了机动车的使用，提升了自行车的出行分担率。行政手段主要体现在限速、限制转弯、单行道等，在步行街区等地方，甚至完全禁止机动车进入。

4. 自行车财税补助政策

阿姆斯特丹市一系列的财税补助政策也促进了自行车的出行分担率提升，如公司职员购买新自行车，有“自行车补助”，总金额为750欧元，可分3年报销；骑车人在纳税时还有一定的减免等。

5. 自行车专家计划

荷兰交通部从20世纪90年代开始，专门制订了“自行车专家计划”，该计划实施的项目包括新款自行车的研制、增设自行车停车场和租赁点、允许将自行车带上火车等（图4–7）。

图4–7 阿姆斯特丹市火车上的自行车停放处

三、首尔市慢行交通系统发展经验

（一）城市背景

首尔市是韩国的首都，位于朝鲜半岛中部，市区面积627km^2，总人口1200万。首尔为内陆城市，地处盆地，地形高点南山坐落在城市中央，城市地形较为复杂多变，高度变化明显，天然的特殊地势塑造了首尔市内地面交通的“二元交通体系”，即机动车和步行交通占绝对主导地位，自行车交通数量较少。步行道通过绿化带与机动车相隔离，形成相对封闭独立的慢行交通出行环境。

首尔城市交通的另一个显著特征则是汉江穿过城市中央，将城市划分为江南和江北两个区域，汉江上共建设有24座桥梁，其中公路桥16座，铁路桥4座，公路、地铁并行桥4座，这些桥连通首尔南北的交通以及城市与周边的卫星城，汉江沿线则主要为慢行交通的通道，供市民和游客观光游览。

（二）慢行交通系统发展沿革

韩国作为亚洲新兴的发达国家，随着20世纪70年代高速公路的建设，交通行业也开始了飞速发展。韩国已拥有以高速铁路系统KTX和智能交通卡计划为代表的高度发达的交通技术。

首尔市的慢行交通发展也经历了“发展—衰落—复兴”的历程。在经济发展初期，自行车的分担率保持较高水平，随着经济的发展，自行车的分担率开始降低，而当国民经济达到发达国家水平的时候，自行车的分担率又逐渐回升。

根据1946年光化门附近世宗路的交通流量调查，自行车的出行分担率最高，达到24%，其次是客车20.4%，货车19.5%，马车牛车1.8%，三轮摩托车

1.7%，黄包车0.4%。直到20世纪80年代，自行车的使用量一直很高，然而随着经济发展，私家车拥有量的增长导致自行车使用量减少，这一趋势在21世纪初期达到顶峰。20世纪90年代，韩国政府开始注重提高慢行交通出行分担率。

（三）慢行交通系统的现状与特征

1. 亲水特征明显的步行景观系统

首尔市内水资源丰富，亲水性的步行景观系统是首尔市特色。其中，最显著的例子便是清溪川。清溪川横穿首尔市，全长10.84km，历史悠久，曾是印证朝鲜王国500年历史的一条河流，但在20世纪，清溪川所在的区域经历了从暗渠下水道到高架桥下臭水沟的阴暗时代，甚至逐渐被人所遗忘。直至2002年，韩国投资约50亿韩元对清溪川进行改造，拆除了高架桥，同时对沿线的建筑、景观和商业进行了统一的规划设计，以引导市民更多通过步行和公共交通到此区域进行休闲活动。清溪川的河道设计采用台阶设计，人行道贴近水面，行人可以直接和水面接触。首尔市内与此类似的设计还有光化门广场、首尔国立大学等。

2. 空间紧凑的步行商业街

与我国许多城市的著名步行街如北京王府井大街、上海南京路等不同，首尔市多数购物街道的步行道并不宽阔（图4-8）。以首尔市最具代表性的明洞购物街来说明，这里云集了很多中高档的购物店、餐厅，但多数街道的宽度也就在7～10m，紧凑的空间加大了人流的密度，加强了人与人的交流以及人与沿街商业的交流。首尔市通过统一布局步行街两侧经营店铺，清洁整理路面，营造沿街广告气氛，打造出一种以人为本的步行街。这给我国城市的步行街设计提供了启示：在道路空间不足的情况下，可通过分布沿街商业、清理路面以及营造气氛打造出独具特色的步行街。

图4-8 首尔市商业步行街

3. 营造绿色的慢行系统

在首尔市步行道与机动车道、非机动车道、建筑物的隔离，都是以绿色生态城市的理念设计的。绿色植被提供了良好的慢行环境，无论从安全角度还是遮阳隔音角度都提高了行人的舒适度，吸引行人选用慢行交通出行（图4-9）。

图4-9 首尔市步行道

4. 自行车交通

依据调查，2005年首尔市自行车出行率仅为3.0%。2010年，自行车分担率回升至4.4%。为了提高自行车出行分担率，首尔市政府做出了从基础设施建设到政策优惠等多方面的努力。具体措施有，扩建自行车道，建立自行车服务中心，增加自行车停车场地，实施公共自行车租赁项目，推行与自行车出行相关的优惠政策。

1）自行车道

2006年，首尔市政府发布《提高自行车使用率》的方案，计划从2007年至2010年，投入1190亿韩元扩充和增建385km的自行车道。扩充自行车道主要有两种方式，一是缩减机动车道的面积或减少机动车道条数；另一种是直接在机动车道旁增加自行车道，或与原来的人行道一起改为人与自行车兼用道路。

此外，大型购物中心、文化娱乐设施、宗教服务中心、农贸市场和学校图书馆也都正在建设自行车道，这些地方和居民生活区连为一体。市政府还准备在每4所中学中，建设一所自行车使用示范学校，在学校周边修建自行车道路，设置自行车保管台，开设自行车培训课程等。

2）自行车服务中心

为配合自行车道的扩充计划，保证市民在半径3～4km的生活区范围内可以方便地使用自行车，首尔市在25个自治区内建设了自行车综合服务中心。这些中心主要负责自行车租赁、义务保管、修理和收集废旧自行车等。

3）停车场地

首尔市政府在公共交通换乘站、商业中心等人口密集地区建设了面积约2000km^2，能停放2000辆自行车的大型自行车停车场。

4）公共自行车项目

韩国在以IT技术为支撑的公共自行车系统领域已经确立了国际优势地位。“你好首尔”公共自行车项目，在全市地铁站周边、公园等地设立公用自行车租赁点，鼓励人们在短距离移动时能够尽量利用公用自行车。同时，市民也自发成立了“爱自行车全国联合会”，每逢周末，会员们就结成小组骑自行车远征，一些公园的自行车租赁活动非常频繁。

5）自行车优惠与推广活动

在首尔，市民只要是骑自行车去博物馆、美术馆等公共场所参观，就可以享受打折门票。此外，市政府还鼓励各自治区政府及各民间团体制定提高自行车使用率的方案、建设与自行车相关的设施等，逐渐实现免费提供自行车服务；充分利用网络、宣传册、广告牌和市区机关的宣传栏进行宣传，并选拔自行车形象大使。

（四）慢行交通政策措施

韩国政府和首尔市政府为了提高慢行交通出行分担率，从20世纪90年代开始就实行了一系列的政策措施。

1995年，出台首尔儿童保护区计划，要求通过改善车流量、停车位与信号灯保护小学附近（300m以内）儿童过街安全。1997年，首尔市颁布《首尔步行权利及步行环境改善》法令，其包括：人行道重建、步道改善、社区街道改善、地铁通道改善、交通换乘改善、步行街、友好的街道步行环境、交叉口改善、无障碍车站和建筑、街道和停车场减少障碍等计划，市中心8条主要街道被更新为历史文化探访路。从1995年颁布了相关法律开始，政府已经实施了多种措施引导自行车出行，包括建设自行车道以及翻修各种相关基础设施等。从21世纪初开始，随着对环境友好型交通方式的日渐重视，自行车规划也成了一项重要的交通规划。2009年，政府颁布了《国家自行车道总体规划》，规划包括基础设施扩建方案，教育项目，宣传措施，建设指南和自行车道管理等各个方面。李明博政府则实施了一项作为河流修复四大工程之一的河岸自行车道建设工程，工程对自行车基础设施进行了扩建，增加了自行车的使用人数。

第二节　国外经验对我国城市慢行交通系统发展的启示

总结分析国外慢行交通复兴的成功经验，结合我国城市的实际情况研究影响我国城市慢行交通发展的特殊因素和有利条件，制定相应的促进政策和措施是促进我国慢行交通发展的关键。

一、常规自行车发展经验

1. 政府重视是自行车交通发展成功的关键

自行车交通发展贯穿城市规划、建设和社会公共管理的全过程，而这些都需要政府发挥主导作用。荷兰、丹麦、德国、爱尔兰等国分别从国家层面上发布全国自行车交通发展规划，如荷兰于2006年颁布《自行车交通设计导则》，英国于2007年颁布《街道导则》，强调“街道不仅是交通廊道，还必须是人们愿意生活和停留的场所”，明确设计中要优先考虑行人、自行车和公交使用人群的需求。在路权规划中自行车的路权优先于小汽车，在道路设计时突出骑自行车出行的安全和方便。

2. 基础设施的科学规划、设计和建设是自行车交通发展的基本支撑

完善的自行车专用设施（专用道、路边车道、桥梁、交通信号灯、交通标识、停车设施等）确保骑行者的安全和便捷出行。在城市道路和街道设计层面上，强化以人为本和步行、自行车友好的元素。例如，在城市内及周边地区设有维护良好、充分整合的自行车专用道、路边自行车道、自行车优先街道以及供自行车使用的捷径（例如穿越街区的小径、连接汽车断头路的小径等）等各类自行车道路。哥本哈根的信号绿波，根据自行车行进速度实现

交通信号同步，让骑行者能一路绿灯畅行。

3. 财税调节是自行车交通发展的重要激励措施

通过财税调节手段来鼓励自行车出行是发达国家普遍采取的有效措施。如，提高小汽车的使用成本（汽油税、新车购置税、进口关税、注册登记费、牌照费、驾驶员培训费、停车费等），来限制小汽车的使用，间接提高自行车分担率。阿姆斯特丹则直接通过企业为职工报销自行车购置费、减免骑行者的税负等手段来刺激自行车出行分担率提升。

4. 通过交通法规来确保骑行者的安全

通过颁布专门的法规或法令来规范机动车驾驶员和骑行者的行为，确保骑行者的安全是促进自行车发展的强有力和有效手段。

事实证明，要提高自行车的分担率，关键在于在交通繁忙的路段和交叉口设置自行车专用设施，并在大部分居住区实施交通静化举措。为自行车出行划定大量的专用道、提供充足的自行车停放设施、将公共交通与自行车交通进行整合设计，对骑行者进行系统的交通法规培训教育以及举办一系列推广活动以激发民众对自行车出行的热情，争取市民的广泛支持。也正是多层次相互促进的政策使得哥本哈根和阿姆斯特丹在大力发展自行车交通上取得了成功。

二、公共自行车发展经验

在哥本哈根、阿姆斯特丹、杭州、太原、昆山等公共自行车发展较好的城市，公共自行车作为一种可以选择的交通工具已经融入城市的公共交通系统，为居民提供更多便利并使公共交通更具吸引力。

1. 灵活的运营模式

国内外公共自行车发展的案例表明，公共自行车系统的运营模式是其发展成功的关键。当前世界范围内的公共自行车系统运营模式可以归结为5种，其具体运营模式和服务提供方如表4–1所示。

公共自行车系统运营模式　　表4–1

服务提供方	运营模式	收入来源	项目范例
广告公司	以提供自行车共享服务换取在城市街道家具和广告牌做广告的权利	城市街道家具、广告牌、公共自行车、公共自行车站点的广告收入；会员与非会员的使用费	美国的智能自行车项目、法国的自行车城项目
公共交通机构	在公共政府当局的指导下提供自行车共享服务以加强公共交通系统	政府补贴、会员与非会员的使用费、公共自行车和公共自行车站的广告收入	杭州、太原的公共自行车系统、德国的电动自行车项目
地方政府和公共机构	直接运营和设计公共自行车项目，或者地方政府购买别的团体提供的公共自行车服务	市政资金、会员与非会员的使用费、公共自行车和公共自行车站的广告收入	哥本哈根、阿姆斯特丹、首尔、中国台北、上海、昆山
营利	提供可营利的自行车共享服务，政府极少干预	会员与非会员的使用费、公共自行车和公共自行车站的广告收入	德国的Nextbike项目
非营利	在公共机构或市政机构的支持下提供自行车共享服务	公私合作股份资助、会员与非会员的使用费、银行贷款、地方资金	加拿大BIXI项目、英国Hourbike项目、意大Bicincittà项目、武汉公共自行车系统

通过对国内案例城市公共自行车系统发展现状调研发现，完全依赖私营企业来运营的模式在我国城市中发展迟缓，分析其原因主要有以下两点：

（1）在我国现有的政治架构与经济发展模式下，公共自行车系统配套设施的布局、建设和改进完善等都需要从政府层面加以重视。

（2）居民的低碳出行意识尚待提高，市民受经济影响因素较大，如免费或低价使用自行车才能吸引公众，依照此模式运营私营企业很难自负盈亏。

因此，寻求合理的融资运营模式是公共自行车系统发展成功的关键，如欧洲Bicing项目的主要资金来源于“绿色区域”路侧停车管理系统的收入，为我国城市公共自行车系统的发展提供了参考。

2. 简便的自行车租赁程序

对公共自行车的使用者来说，成本低廉和方便的租赁程序是选择公共自行车的主要考虑因素。比如国内有的城市租用自行车交的押金足够买一辆新车，再加上烦琐的租赁手续，甚至有些城市还未实现公共自行车的跨区借还服务，从而促使人们选择机动化交通出行。

3. 完善的自行车设施

安全与舒适是自行车使用者首要考虑的因素。规划合理的自行车车道，设计友好的道路交叉口和交通信号，都直接影响了骑行环境的安全与舒适。其次，停车、维修及充气便捷等也是提高公共自行车使用率的重要因素。

另外，自行车租赁站点设置的合理性和均衡性也影响公共自行车系统的长远发展。欧洲部分城市与国内的杭州、昆山等城市的发展经验表明，在就业集中地点、校园、公交站点、商场附近等设置公共自行车租赁站点将会在很大程度上提高自行车使用率。

4. 与公共交通的无缝接驳

哥本哈根市和阿姆斯特丹市的公共自行车系统与轨道交通、公交基本实现了无缝接驳，与城市公共交通系统融为一体共同承担着居民的出行。欧洲城市的大多数轨道交通站点与公交站点都设置了公共自行车租赁站点，并且大部分公交车和地铁上设置了专门停放自行车的空间和设施，使得公共自行车真正融入城市的公共交通系统，承担民众的交通出行。

三、步行交通的发展经验

公共自行车发展成功的模式中除了政府重视、资金投入等基本保障因素外，还与步行规划要与城市总体规划有机结合、人性化的设计、法律法规的保障等方面密切相关。

回顾国内外城市步行交通系统的发展，从最初的步行商业街与步行区融合到立体化、室内化、社区化的步行交通系统，国内外城市已形成较为成熟的步行交通模式，与城市规划发展相协调，形成了步行系统与枢纽—网络组团的城市发展模式。

1. 步行商业街—步行区

哥本哈根市中心从1962年设立第一条步行街开始，历经几十年发展，已发展成步行街、广场、人车共享的步行优先街等共同构成的1.15km^2网络式步行区，不仅增强了城市活力，也改善了城市的人文品质。

起初，哥本哈根市中心某条商业街只是简单的步行街，通过改善步行环境，疏通人流而吸引大量顾客，与郊区购物中心竞争；发展中逐渐重视步行的环境和质量，并逐步由单一的街道发展为形式多种多样的步行区，不仅有方便的步行通道，还包括商业、娱乐设施、广场和公园等，各种步行设施组合成一个连通的步行循环系统，并与其他交通方式形成良好的衔接和整合关系。单条商业步行街带来的功能单一、缺乏停留空间、影响周边交通等问题可以得到妥善解决。步行区的设立推动了多种多样的社会、经济和文化活动的发展，不仅有利于市中心的历史保护，同时也加强了人们的地域认同感，使经济效益、环境效益和社会效益有机结合。

2. 步行系统立体化、室内化

从空间上分离人行与车行系统，包括空中步行系统和地下步行空间，与城市商业、休闲设施以及轨道交通系统相结合，并与当地气候相适应，形成全天候的步行公共系统。加拿大和日本的地下空间非常发达，如多伦多地下步道，几乎覆盖市中心区所有地块，将多个地铁站换乘点连接起来，并通过中心区的重要公共建筑、广场、综合体与城市地面系统相连接。美国则多采用空中步行系统，如明尼阿波利斯及辛辛那提的空中步道。香港的空中步行系统也独具特色，结合商业、商务活动及游览休闲行为，与建筑紧密配合，与城市主要交通站点相连接，有意弱化公私领地界限，并兼具室内外特征。

3. 社区步行化

关注居住区街道安全和人性化需求是发展步行交通的重要组成部分。通过规划、设计和政策等手段使社区内部基本以步行出行方式为主。如，建设平衡的多功能区域，包括低层高密度住宅、办公楼、商店、幼儿园、体育设施及公园，人们可步行上班、购物并娱乐；通过一些设计手段迫使汽车减速，如将道路设计成尽端式、道路两端缩口、车道折线形或蛇形等，可避免行驶中的汽车威胁行人安全，使行人享受平等的出行权利；采取社区静化政策来限制汽车的通行。

4. 步行系统与枢纽—网络组团的城市发展模式相契合

当代城市正日益变得多中心化，尤其是大型的山地城市，如重庆、贵阳等，出现枢纽—网络组团模式的发展趋势。城市由一系列组团组成，形成具有开放特征的网络，各个组团内部功能上相对自我完整，相互间也有一定互补性。组团间由高速大运量轨道交通和汽车交通相连接，内部则优先考虑步行交通环境和系统。组团中某些节点与公共交通高度结合，通过城市综合枢纽使各类交通方式及多种城市功能有机整合。

理想的多中心组团城市的发展模式是每个组团都以一个综合交通枢纽为中心，组团间采取大运量的轨道交通或快速公共汽车交通系统连接，组团内部则以步行为主要交通方式，行人享有优先权，尊重公众领域，鼓励社会交往，构建高质量的城市生活。

5. 步行规划与城市总体规划有机结合

欧洲一些城市中心步行区的发展经验表明：步行区规划必须融入城市总体规划中，将步行区规划与城市中心规划、公共交通系统规划以及其他绿色交通措施相结合。如，在德国弗莱堡市中心老城区，由于在城市规划中重新设置了范围更加广泛的步行区，短距离出行即可到达目的地，步行成为主要交通方式（69%）。绿色交通出行方式达到98%。

6. 人性化的设计是步行交通发展的基础

步行交通系统服务的主要对象是行人，设计中需使行人的利益最大化，强调以人为本、将人本身的需求作为设计的出发点。通过对行人需求的分析，找到交通设施中的不足，使其得到完善。沿街步行交通空间是行人步行环境的主要组成部分，其设计应首先考虑满足行人基本通行和安全需求，并关注特殊人群要求。便捷方面，步行设施的设计应提高步行空间的可辨识性、连续性和通畅性。

7. 法律法规保障行人安全是步行交通发展的根本保障

步行交通比较发达的城市，普遍的做法是出于以人为本与公平公正的原则，对行人优先提供法律法规的保障，为行人保障优先的路权、平等的出行权利等。如，为年幼和年长的步行者提供特别法律保护；行人与机动车并行的空间，行人具有优先权，机动车必须避让行人等。

第五章

城市慢行交通系统发展模式

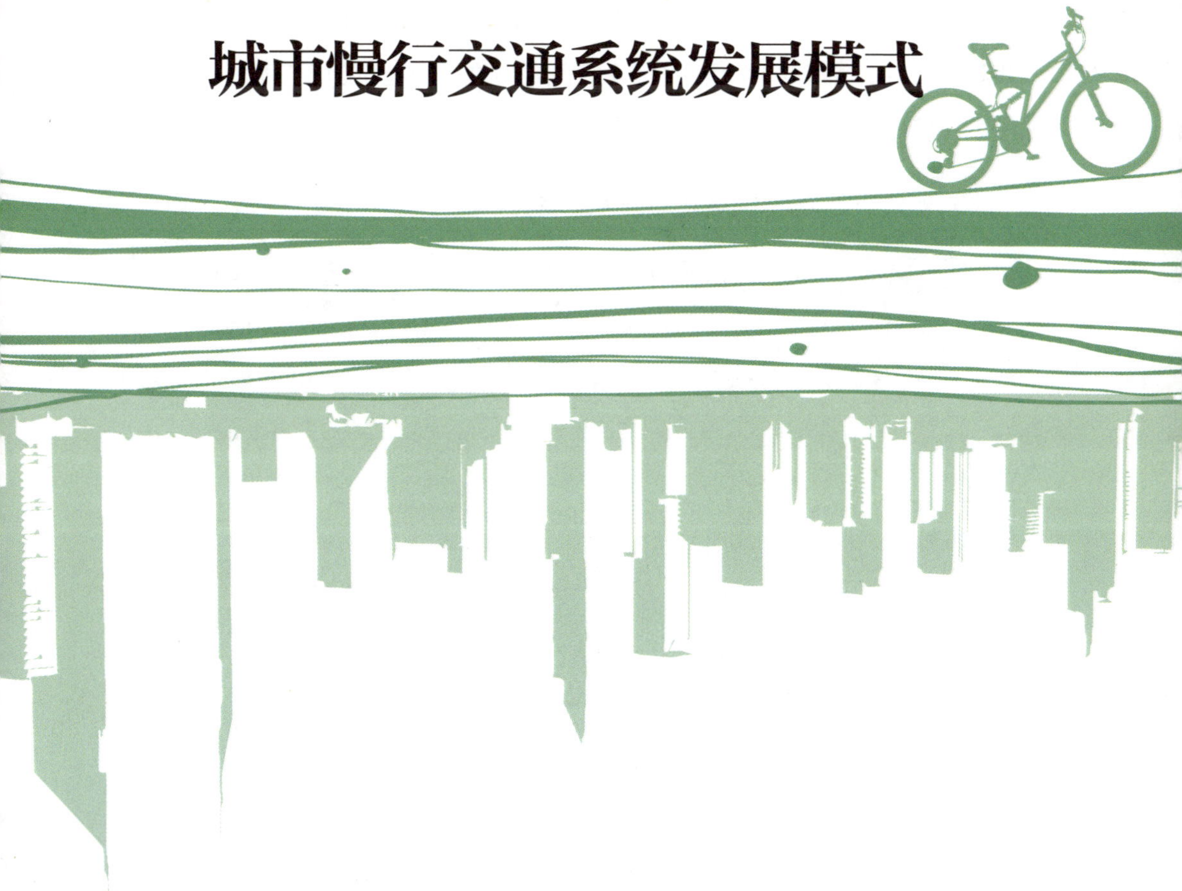

第一节　城市慢行交通系统发展模式选择

依据对全国不同规模、不同地形和不同气候共40个城市的居民出行特征调研，从城市居民出行结构的角度分析，慢行交通系统的发展模式可分为5类，分别为"步行+自行车"为主体的发展模式，"步行+自行车+公共交通"均衡发展模式，"公共交通"为主体、"步行+自行车"为衔接的发展模式，"小汽车"为主体、"步行+自行车"为补充的发展模式和"步行+公共交通"为主体的发展模式，各模式具体信息如表5–1所示。

慢行交通发展模式特征　　表5–1

慢行发展模式	占出行总量比例	出行特征	适合区域
"步行+自行车"为主体的发展模式	"步行+自行车"出行比例占70%以上	出行距离短、速度慢	中小城市、步行区域
"步行+自行车+公共交通"均衡发展模式	"步行+自行车+公共交通"的出行比例一般占75%以上	绿色交通方式发展均衡、出行距离和速度适中	平原城市、中等城市
"公共交通"为主体、"步行+自行车"为衔接的发展模式	公共交通出行比例占30%以上	出行距离较远、出行速度快	丘陵平原城市
"步行+公共交通"为主体的发展模式	"城市步行交通出行+公共交通"出行比例占70%以上，自行车交通出行比例一般占10%以下	出行速度和距离适中	丘陵山地城市
"小汽车"为主体、"步行+自行车"为补充的发展模式	小汽车出行比例占30%以上	出行速度和距离适中	平原城市

一、“步行+自行车”为主体的发展模式

（1）城市特征：“步行+自行车”的出行量一般占总出行量的70%以上；出行速度慢，出行距离短；多为平原地区城市的中小城市（表5–2）。

以“步行+自行车”为主体发展模式的主要城市各交通方式出行分担率情况 表5–2

城市	步行（%）	自行车（%）	公共交通（%）	私人小汽车（%）	出租车（%）	其他（%）	市区人口（万人）	年份（年）
当阳	44.7	20.5	5.6	21.6	3.9	3.7	20	2006
眉山	48.8	18.5	8.3	18.3	3.1	3	40	2006
常熟	34.4	47.8	4.2	10.3	0.6	2.7	57	2006
秦皇岛	20.3	55.2	6.1	10.6	2.1	5.7	103	2006
新乡	33.9	46.3	9.6	4.2	0.6	5.4	120	2010

（2）定位：将慢行交通发展放在城市交通中的首要位置。

（3）规划设计：形成完善的城市慢行交通规划体系，并作为城市综合交通规划以及城市总规的重要组成部分。

（4）政策保障：在资金、用地等方面向慢行交通发展倾斜。

（5）基础设施：形成完备的慢行交通道路网。

（6）公共自行车系统：大力倡导和推进公共自行车系统的发展。

二、“步行+自行车+公共交通”均衡发展模式

（1）城市特征：“步行+自行车+公共交通”的出行量一般占总出行量的75%以上；出行速度适中，出行距离适中；适合平原地区城市，主要为中型

城市（表5–3）。

以“步行+自行车+公共交通”均衡发展模式的主要城市各交通方式出行分担率情况　　表5–3

城市	步行（%）	自行车（%）	公共交通（%）	私人小汽车（%）	出租车（%）	其他（%）	市区人口（万人）	统计年份（年）
蚌埠	37.7	30.9	23.1	5.8	1	1.5	101	2006
株洲	41.3	4.6	23	7.4	2.5	21.3	117	2010
保定	20.9	27.2	15.7	14.9	1	20.3	121	2012
银川	26.7	23.3	26.9	14	2.7	6.4	133	2013
常德	40.3	27.1	16.9	9.6	3.4	2.7	146	2006
南昌	47	20	13.5	8	1	10.5	231	2012
兰州	41.1	17.7	26.4	4.2	2.7	7.9	249	2009

（2）定位：将绿色交通发展放在城市交通中的首要位置。

（3）规划设计：将慢行交通与公共交通作为一个整体进行统筹谋划考虑，进行绿色交通系统规划设计。

（4）政策保障：在公共交通优先发展的基础上，体现慢行发展的优先。

（5）基础设施：形成完备的慢行道路网，注重人性化设施建设。

三、“公共交通”为主体、“步行+自行车”为衔接的发展模式

（1）城市特征：公共交通是城市居民出行的主要方式，其出行量占总出行量的30%以上。城市交通出行以轨道交通、常规地面公交或快速公共汽车交通等公共交通为主，慢行交通进行有效衔接，出行速度较快，出行距离较远；主要为特大型和大型城市（表5–4）。

以“公共交通”为主体、“步行+自行车”为衔接发展的主要城市各交通方式出行分担率情况 表5-4

城市	步行（%）	自行车（%）	公共交通（%）	私人小汽车（%）	出租车（%）	其他（%）	市区人口（万人）	统计年份（年）
乌鲁木齐	39.9	2.8	30.3	11.1	8	8	311	2010
沈阳	25	17.5	32.8	22.1	2.6	0	510	2012
西安	21.2	7.2	33.3	18.8	6.6	12.9	855	2008
北京	8.6	17.9	39.3	34.2	—	0	2115	2010

（2）定位：慢行交通发展作为公共交通的补充和衔接。

（3）规划设计：注重慢行交通与公共交通的一体化设计。

（4）政策保障：在资金、用地等方面向慢行交通发展倾斜。

（5）基础设施：慢行交通道路网发展应重视与城市交通走廊的连通性和补充性功能。

（6）公共自行车系统：推进“公共自行车—公共交通—公共自行车”的出行模式发展。

四、“步行+公共交通”为主体的发展模式

（1）城市特征：城市步行交通出行和公共交通出行占主体地位，其出行量占总出行量的70%以上，自行车交通出行比例相对不高，一般占总出行量的10%以下；自行车交通出行比例低，出行速度适中，出行距离较远；适用于自行车行驶不便的丘陵山地型城市，城市地理形态制约了自行车交通的发展，（表5-5）。

以“步行+公共交通”为主体发展的主要城市各交通方式出行分担率情况　表5-5

城市	步行（%）	自行车（%）	公共交通（%）	私人小汽车（%）	出租车（%）	其他（%）	市区人口（万人）	统计年份（年）
安宁	45.8	2.9	29.2	16.7	1.3	1.1	34	2009
平凉	64.3	8.4	18.3	8	2	0	50	2010
遵义	65.6	0.7	20.1	3.8	9.7	0.1	110	2006
贵阳	51	1	28	9	5	6	224	2011
青岛	37.7	0.9	29.3	13.1	6.3	12.8	279	2010
重庆	47.5	—	33.4	11.5	6.7	0.9	808	2010

（2）定位：慢行交通发展作为公共交通的补充和衔接。

（3）规划设计：注重慢行交通与公共交通的一体化设计。

（4）政策保障：在资金、用地等方面向慢行交通发展倾斜。

（5）基础设施：慢行交通道路网发展应重视与城市交通走廊的连通性，和补充性功能。

（6）公共自行车系统：不适宜公共自行车系统的大规模发展。

五、“小汽车”为主体、“步行+自行车”为补充的发展模式

“小汽车”为主体、“步行+自行车”为补充的城市慢行交通系统发展模式，小汽车是城市居民出行的主要方式，其出行量占总出行量的30%以上，步行、自行车作为小汽车出行方式的补充出行方式，公共交通出行和其他出行方式出行量比例相对不高。慢行交通作为独立的交通出行方式，与小汽车交通出行展开竞争，慢行交通出行无法满足城市居民交通出行的需求，同时公共交通发展基础较差，网络覆盖面较小，服务水平不高，出行分担率

较低，居民出行大多采用小汽车的交通出行方式，容易造成城市交通拥堵现象，不作为推荐的发展模式。

第二节 城市慢行交通系统发展模式因素分析

城市慢行交通系统发展模式的选择，主要针对城市固有的属性进行分析，判断城市特性适合于发展哪种慢行交通发展模式。

城市慢行交通系统发展模式的选择影响因素主要包括：城市人口规模、出行距离、城市地形、城市布局形态、地区区域因素（表5–6）。

慢行交通发展模式选择因素分析　　表5–6

慢行发展模式	城市人口规模	出行距离	地形地貌	城市布局
“步行＋自行车”为主体的发展模式	中小城市	6km以内	平原型	单中心集中式
“步行＋自行车＋公共交通”均衡发展模式	大中型城市	6km以内	平原丘陵型	单中心集中式
“公共交通”为主体、“步行＋自行车”为衔接的发展模式	特大城市	6km以上	平原丘陵型	单中心集中式
“小汽车”为主体、“步行＋自行车”为补充的发展模式	中型城市	6km以上	平原丘陵型	多中心集中式
“步行＋公共交通”的发展模式	大中型城市	6km以上	山地型	单中心集中式

一、城市人口规模

《中国中小城市发展报告（2010）》依据我国城市人口规模现状，提出的全新划分标准为：市区常住人口50万以下的为小城市，50万～100万的为中等城市，100万～300万的为大城市，300万～1000万的为特大城市，1000万以上的为巨大型城市。

中小城市是我国城市体系中的重要组成部分，约占我国建制市数量的80%以上。中小城市城市规模不大，居民整体出行距离较短，多采用步行和自行车交通方式出行，慢行交通出行比例较高，适合采用“步行+自行车”为主体的慢行交通发展模式。大中城市的慢行交通体系建设，依据城市范围、城市形态和人口规模都适合于发展慢行交通与公共交通出行，适合采用“步行+自行车+公共交通”均衡发展模式和“公共交通”为主体、“步行+自行车”为补充的慢行交通系统发展模式。

二、出行距离

出行距离与城市规模有着密切的联系，伴随城市化的发展进程，城市规模不断扩张，人们的出行距离不断增加，慢行交通的出行比例急剧下降，但慢行交通依然是我国大部分大城市的出行主体，出行分担率大多超过40%。在居民日常出行距离在6km以内的城市，慢行交通应该定位为居民出行方式选择的主体，在短程出行中起到主导作用，适合采用“步行+自行车”为主体的慢行交通发展模式。居民日常出行距离大于6km的城市，慢行交通定位是与公共交通共同承担居民的出行活动，起到填补公共交通服务空白、促进出行效率的作用，适合采用“步行+自行车+公共交通”均衡发展模式和“公共交通”为主体、“步行+自行车”为补充的慢行交通系统发展模式。

三、城市地形地貌

城市地形地貌对于自行车交通出行有着十分重要的影响，一般城市陆地地形分为山地、平原、丘陵、高原和盆地。从地形地貌因素角度分析，平原型城市相比丘陵与山地型城市的慢行交通出行比例高，且步行与自行车出行比例相对平衡。山地型和丘陵型城市，道路条件相对较差，慢行交通道路资源较少，慢行交通出行比例与其他地形相比较低，但仍占总出行量的50%左右，慢行交通出行依旧占有重要地位，只是在其出行结构上是以步行为主，自行车交通出行比例不到10%。

从地形地貌因素角度分析，在山地型城市中，慢行交通主要为步行，适合采用“步行+公共交通”为主体的慢行交通发展模式。平原型城市中，则适合其他四种包含自行车交通出行的慢行交通发展模式。

四、城市布局形态

我国中小城市用地布局现状大体可以分为单中心集中式和多中心组团式两大类。其中，绝大多数平原型的中小城市都属于单中心集中式，其城市用地单中心集中连片布局的特点导致居民居住和工作相对集中，居民中短距离出行量所占比例较高、平均出行距离较短，客观上为步行与非机动车的发展创造了有利条件，适合采用“步行+自行车”为主体的慢行交通发展模式。

较大规模的多中心组团式平原型城市，居民出行在多中心组团之间来往，中长距离出行量较多，平均出行距离较长，适合采用“公共交通”为主体、“步行+自行车”为补充的慢行交通系统发展模式和“小汽车”为主体、“步行+自行车”为补充的慢行交通系统发展模式，各中心组团内部与单中心集中式类似，适合采用“步行+自行车”为主体的慢行交通发展模式。

对于较大规模的山地型城市由于受到山体及水系分割的影响，城市用地布局及城市形态与平原型城市不同，一般呈多中心组团式。由于城市布局与土地利用的关系，组团之间在空间上距离较远，例如重庆和贵阳，需要通过公共交通相连接，且由于道路条件相对紧张，不适合通过小汽车连接各组团；在各组团内部，应根据自身的特征，在适合慢行出行空间距离范围内，适当发展慢行交通系统。因此，对多中心组团式山地型城市，适合采用“步行+公共交通”为主体的慢行交通发展模式。

五、城市气候条件

我国南方城市冬季天气温度适宜，一年中可以骑自行车的时间更长，适合发展慢行交通。冬季气候严寒的北方城市，一方面由于路面积雪及冰冻的原因造成自行车骑行不安全，不适合采用自行车方式出行，另一方面，天气寒冷使得骑行的气候条件较差，居民使用自行车出行意愿降低，因此慢行交通系统发展宜以步行为主。

冬季寒冷的北方城市，适合采用“步行+公共交通”为主体的慢行交通发展模式，而气候适宜的南方城市，适合包括自行车的所有慢行交通发展模式。

六、城市区域功能

城市区域功能是影响城市慢行交通体系的因素之一，城市功能包括商业密集区、大型住宅区、工业区、旅游风景区、公共交通不能达到地区等多种功能区域，不同的功能区域适应于不同的慢行系统发展模式。

其中，商业密集区域，适宜采用“步行+自行车”为主体的发展模式；大型住宅区适宜采用“步行+自行车+公共交通”均衡发展模式；工业区适宜“公共交通”为主体，“步行+自行车”为衔接的发展模式；公共交通不可达地区适宜采用“小汽车”为主体，“步行+自行车”为补充的发展模式；旅游风景区适宜采用“步行+公共交通”的发展模式。

第六章

城市慢行交通系统发展要求及建议

第一节 城市慢行交通系统的发展原则

一、政府主导

要坚持以政府主导方式发展城市慢行交通系统，提升慢行交通在综合交通中的地位，确保城市交通系统的均衡发展。政府主导是城市慢行交通系统良性发展的根本保证，要强化政府责任，坚持政府在城市慢行交通系统发展中的主导地位。政府要采取综合措施，加大投入，加强管理、监督和调控，扶持、引导城市慢行交通系统良性发展，保障城市居民基本出行。各有关部门应结合自身职责合理分工，统筹规划、建设、运营等环节，兼顾资金、土地、路权、财税、技术等各方面，协调一致、加强配合，发挥政策组合效率，形成齐抓共管的良好局面。

二、因地制宜

根据城市的实际情况、功能定位、发展条件和交通需求等特点，科学确定城市慢行交通发展目标和实施策略，合理选择建设实施方案，建立适宜的运行管理机制，配套相应的政策保障措施。慢行交通系统规划应注重与城市总体规划、城市综合交通规划等进行有效衔接，着眼于城市多系统的整体协调发展，注重与自然景观、公共空间和道路系统等各系统密切配合。

三、连续畅达

城市慢行交通系统应提供无障碍的连续人行道、立体步行设施、过街设施、公共自行车系统、自行车停放设施等，与居住区、工作区、公共活动场所、公共交通枢纽点等目的地直接连通，与公共交通设施便捷接驳，与城市建筑的功能组织和空间布局有机衔接。按照科学合理、适度超前的原则编制城市慢行交通系统规划，加强慢行交通出行方式与公共交通出行方式以及其他交通出行方式的衔接，提高城市交通一体化水平，统筹基础设施建设与运营组织管理，引导城市空间布局的优化调整。

四、以人为本

把人民群众利益放在第一位，以便民、利民、惠民作为根本出发点，进一步强化服务意识和宗旨意识，不断提升服务水平，努力解决人民群众关心的突出问题，为人民群众提供品质更优、效率更高的城市慢行交通服务。坚持以人为本，把方便群众出行作为首要原则，以群众实际出行需求和意愿为导向，加强道路等设施建设，为人民群众提供安全、便捷、舒适的城市步行和自行车出行环境。

第二节 城市慢行交通系统发展的总体要求

一、规划设计要求

1. 转变观念

城市交通发展理念要从“重车轻人”向“以人为本”转变，同等重视慢行交通与机动化交通，将慢行交通的发展作为城市交通发展战略的重要组成部分。将解决人车冲突作为解决城市交通问题的一项重要内容。

2. 紧密衔接

根据城市规模、经济水平、空间结构、地形地貌、居民出行结构等城市特征，充分考虑城市本身发展的战略和规划，与城市土地利用相结合，在明确城市慢行交通发展定位的基础上，对城市慢行交通系统进行一体化规划设计，达到城市发展和慢行交通系统发展的相互协调。

3. 有序推进

编制慢行交通系统专项规划，合理布局慢行交通设施，制定细致的实施计划，建立完善的政策保障体系。

二、设施建设要求

1. 城市道路

城市的支路被称为城市交通的“毛细血管”，对城市的快慢行交通进行分离，是城市慢行交通的重要载体。如果城市支路网密度过低，将不利于城市交通的疏散，并会制约城市慢行交通发展。因此，建设完善的城市支路网系统，提高支路通达性和便捷性，是建设城市慢行交通系统的必要条件。

2. 专用道路

结合城市道路建设，完善步行道和自行车道。城市道路建设要优先保障步行和自行车出行。新建及改扩建城市主干道、次干道，要设置步行道和自行车专用道；城市支路和居住区道路，要设置步行道。

3. 过街设施

路段过街和交叉口过街的行人过街设施要坚持平面为主、立体为辅的原则，科学设置行人过街设施，保障行人过街安全。对于路幅较宽、车流较多，或是绿灯时间较短而无法一次性穿越的道路应设计二次过街，设置中央安全岛，确保过街行人安全通过。在城市道路路段和交叉口，设置人行横道，并通过施划标线、设置安全岛、信号灯，保障行人过街安全。按照有关标准规范要求设置过街天桥或过街地道的，天桥或过街地道应符合无障碍标准，尽可能安装升降电梯或自动扶梯，方便行人通行。

4. 隔离设施

在城市主干道路条件允许的情况下，采用隔离带将机动车道和非机动车道分隔开，保障非机动车道的出行安全；在没有条件设置隔离带的路段，采用不同铺面材料或彩色路面将机动车道与非机动车道清晰分开，此外还可以利用断面的高差来划分车道，为非机动车的安全行驶提供有效保障。同时，设置人行过街横道线和彩色过街横道线引导行人过街，在中央分隔带和机动车、非机动车隔离带上的人行横道处设置行人安全岛等物理设施，也可以有效保障行人和非机动车出行人群的安全出行。

5. 停车设施

居住区、公共建筑、名胜古迹、公园、广场应当严格按照相关标准要求提供足够的自行车停车空间和便捷的停车设施。

6. 人性化设施

在慢行交通的通达性、安全性等方面要进行无微不至的人性化关怀，包括完善路灯、电话亭、书报亭、座椅、机动车减速带等设施。

三、运营管理要求

1. 停车管理

规范非机动车停车管理，保障停车秩序；加强对非机动车停车场的日常维护，保障停车设施的完好；不断提高安全管理服务水平，降低停车收费标准，引导更多人自觉规范停车。

2. 路权分配

在城市道路路权分配方面，应根据各城市发展特点，全局考虑、统筹安排，合理实施，提升城市慢行交通系统发展战略地位，充分体现出城市慢行交通的优先性，确保慢行交通的路权，合理设置步行道和非机动车道。其中，新建城市道路上需配置合理的自行车和步行道路，在老城区不得拆除、挤占自行车与步行道路资源；非机动车道保持其连续性，在道路交叉口、跨河道桥梁均考虑非机动车道优先和连续骑行，并强化慢行交通专用标志和标线的应用。同时，在一定情况下设置专用的慢行交通区域以及行人优先区域，在城市慢行交通和机动车交通节点位置设置专门的行人信号等。

3. 宣传引导

积极倡导公众采取低碳出行方式，加强低碳交通宣传教育，组织开展“低碳交通宣传日”活动，使低碳出行深入人心；逐渐改变市民出行习惯，推广1km以内步行，3km以内自行车出行，5km以内公交出行的“135”出行方式。引导市民选择慢行交通和公共交通作为主要出行方式，推动“两型社会”的建设。

第三节　城市综合客运枢纽与慢行交通系统一体化设置要求

城市综合客运枢纽是城市交通的重要组成部分，在整个交通系统中起决定性作用，合理规划布局综合客运枢纽与慢行系统的交通组织，实现枢纽内部与外部的有效衔接，提高换乘方便性、降低区域交通压力，是发挥综合客运枢纽多方式快速集散及换乘功能的基本前提。城市综合客运枢纽与慢行交通一体化主要包括综合客运枢纽内部慢行交通一体化设置和外部慢行交通一体化设置两部分。

一、城市综合客运枢纽内部慢行交通系统一体化设置要求

1. 慢行交通系统设施的规模要求

慢行交通设施的规模，按综合客运枢纽高峰客流时的使用量进行规划，并考虑综合客运枢纽的客流远期增长，进行合理客流预测，并为远期的慢行

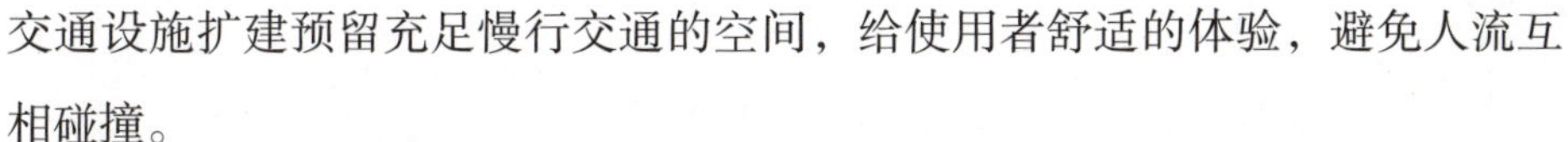

交通设施扩建预留充足慢行交通的空间，给使用者舒适的体验，避免人流互相碰撞。

2. 行人流线组织的设施要求

考虑在综合交通枢纽中客流短时间内大量聚集的特性，需要合理有效的行人流线组织和引导，避免产生换乘不便、旅客滞留、拥挤带来的危险。因此，需要有效地进行行人交通组织、设施及运营管理方案设计和慢行设施建设，以便在有限的枢纽立体空间内合理利用慢行设施，做好密集行人组织引导和管理，保障大量乘客安全、快捷、舒适地汇集、疏散和换乘。

在行人流线组织中应充分考虑行人的体力和心理，使行人的换乘距离达到最短，设置自动扶梯和升降电梯为行人提供安全、舒适的换乘。加强信息引导设置，设置清晰明确的彩色指示标志、明显合理的慢行交通引导标志标线，铺设连续的引导地面砖，安装触摸式平面向导图、声音引导传媒、连续的栏杆扶手、行人步道信号灯等，使行人有专有的通行空间和路径，不与其他车流产生交叉，保障乘客安全、便捷的换乘。交通枢纽内交通语言的设置应遵循连续性原则，即每间隔一段距离就有相应的标识指示前往方向，并标出前往换乘线路的距离。

专栏6-1：大阪梅田铁路站——在枢纽站地下空间设置步行交通系统

大阪梅田铁路站交通汇聚，是日本关西地区最大的铁路枢纽站。日本国家铁路公司JR线、阪急公司阪急线和阪神公司阪神线都汇集于此。三家铁路公司和城市地铁公司的八条轨道交通线可分别通往京都、神户、关西国际机场等地区，乘JR线到新大阪站可换乘新干线到达日本各地。

在“以人为本”理念的前提下，梅田铁路站站内信息与公共服务设施非常完备、合理，车站虽有多条线路分别由三家公司经营，但车行线路指示牌上将不同线路用不同颜色标记，车站内行走和其他指示标记也都与线路牌上颜色一致，乘客只需跟着需搭乘线路的颜色标线走就不会走错。中间的通道全部在地下，不仅相互连通，与周围既有建筑的地下层也连通，可方便疏散不同层面的大量集中人流，缓解地面交通的拥堵，创造舒适、安全的出行环境。

专栏6-2：北京北苑客运交通枢纽——在枢纽站内合理设置步行交通系统

北京北苑客运交通枢纽作为大型综合客运枢纽，集多种交通方式于一体，为合理组织枢纽内部交通出行需求，对不同换乘的客流安排不同通道进行合理交通组织。

其中，进入枢纽换乘的客流主要来自P+R停车场（Park and Ride）、汤立路过境公交以及枢纽东南部以居住为主的天通北苑、东苑、西苑各居住小区。枢纽内部针对不同换乘的客流选择合适的通道进行交通组织设计，确保客流有序换乘。

二、城市综合客运枢纽外部慢行交通系统一体化设置要求

城市综合客运枢纽衔接包括铁路、航空、长途客运、常规地面公交、城市轨道交通、出租汽车、自行车等一系列的交通出行方式，除了部分交通出行方式衔接在城市综合客运枢纽内部，城市综合客运枢纽外部慢行交通一体化设置也十分重要，一体化的慢行系统可有效地减少行人心理距离，扩大交通枢纽的影响范围，吸引更多的交通出行客流。城市综合客运枢纽外部与慢行交通一体化的设计主要包括步行交通和自行车交通两部分设置要求。

（一）城市综合客运枢纽外部步行交通设置要求

城市综合客运枢纽外部应该合理布设配套慢行交通设施、组织交通流线。人车分流是综合客运枢纽外围衔接交通组织的一个重要原则。为保证行人安全和机动车辆通行畅通，应为行人提供与机动车道分离的步行道。人车分离的常见方式是将步行道与机动车道通过不同的高度设计或不同的地面铺装区分，也可以通过设置绿化带、栅栏等进行分隔，保证步行道的独立和封闭。在交叉口处，可根据客流分布合理设置立体行人过街设施，减少行人与机动车的冲突。在综合客运枢纽到达客流最大值的高峰期间应该对客流步行道采取有效措施，使综合客运枢纽外围衔接路面有足够的步行道面积来疏散各种换乘客流。

具体而言，城市综合客运枢纽外部步行交通设置按照空间位置不同，可以分为空中步行走廊、地面连续步道和地下步行街三种类型。

1. 空中步行走廊

结合综合客运枢纽周边公共建筑或独立布置，形成服务于市民和乘客的空中公共步行空间。空中步行走廊一端连接枢纽站厅或广场，另一端穿行于站区周边的建筑群中，形成与地面交通完全分离的连续的步行网络。保证换乘人流在站区周边的公共建筑之间穿行而不受地面交通的干扰，实现人车完全分离的交通格局。

2. 地面连续步道

地面连续步道是综合客运枢纽外部最基本的步行系统形式，主要包括步行通道，人行道，人行横道，广场，商业步行街等多种类型。一般应将独立的步行道系统设计成由站点向外放射状，居民可以较为方便的通过步行或骑自行车到达车站。

3. 地下步行街

地下步行街一般设置在过街客流较大的通道，连接高速铁路车站和站点周边城市地区、能提供便捷安全的步行服务、连续的地下步行网络。类型包括过街地道，地下商业街等。

专栏6-3：日本新宿副中心——在枢纽站外设置高空步道、地面人行道、地下步道三维疏散人流

新宿副中心是东京疏散人口、缓解城市中心人口压力的大型城市副中心和重要的商业中心。为体现以人为本、合理引导行人出行，新宿副中心设置高空步道、地面人行道和地下步道实现不同交通方式的地下换乘接驳和人流的三维立体疏散。同时，结合地铁站周边建设大量的地下停车库，满足“P+R”的换乘需要；建设地下公共汽车、出租汽车等候停靠点，实现地下无缝接驳。

其中，新宿车站西口广场共设4层，在地上7m高度设有高架步道系统，把各主要商业设施及新宿车站在空中连为一体，也为周边的商业设施提供了步道外廊；新宿南口时代广场设置步道、广场及回廊等使整个设施与周边道路、车站以及其他商业设施等有机联系为一整体，创造出一个以公共空间为主体、市民容易接近、舒适宜人的商业环境。

专栏6-4：深圳北站——在枢纽站外设置立体步行系统

深圳北站站区充分考虑枢纽外部步行交通的需求，充分考虑空中步行系统的可能性，对车站周边进行了立体式的步行路径系统的规划设计，为步行出行提供了明确的引导，并进行科学的控制。

其中，根据出行特点，在综合客运枢纽与周边的商务办公建筑之间建设高架步行连接通道，建立了舒适、便捷的空中步行系统，充分体现了深圳北站枢纽周边土地综合开发的交通优势，实现了枢纽外部的人车分流的交通格局，为其成为具有国际先进水准的综合客运交通枢纽中心和商务、商贸、信息中心创造了条件。

（二）城市综合客运枢纽外部自行车设置要求

综合客运枢纽外部自行车的衔接设置应该考虑综合客运枢纽土地利用情况，合理安排自行车停车场的设置。自行车与机动车的行驶区域应该分离设置，保证各自的行车安全，减少流线相互间的交叉干扰。为防止行人不遵守交通规则，在条件允许的情况下最好设置专门管理自行车放行的人员来维持交叉口的秩序，为自行车交通的发展提供良好的治安环境。城市综合客运枢纽中对于自行车场的设置应该注意以下几点：

（1）要根据自行车停车需求、枢纽布局、与城市道路的衔接方式等情况综合考虑自行车停车场位置的布局；自行车停车场的位置选定需要综合考虑停车场规模是否满足自行车停车需求，避免出现停车位紧张或闲置情况；自行车停车场与城市道路的衔接，应将停车场的位置和出入口设置在与机动车流交叉少、与城市道路衔接方便的地方。

（2）自行车停车场与城市综合客运枢纽之间的衔接要有明确的范围和界线，尽量减少自行车在枢纽内绕行，并采取相应的交通组织管理措施，形成有序的自行车流，防止自由度较高的自行车干扰到采取其他换乘方式的乘客，造成安全隐患。

（3）发挥自行车停车占地少的特点，因地制宜，充分结合站点周边的建筑、广场周边及地下、隔离带、路侧绿地等空间集约布置，尤其鼓励地下、半地下和立体停车方式，以节约用地。

（4）自行车停车场的设置地点要醒目，并有清晰的自行车停车场引导标识系统。

专栏6-5：华盛顿联合车站——在枢纽站外设置自行车换乘中心

华盛顿联合车站根据枢纽换乘衔接中乘客的自行车出行需求，在枢纽外部进行换乘衔接设置，在联合车站的门口设置有自行车转接中心。

转接中心能够提供安全的自行车停放场地，并进行自行车出租、出售等服务，有效提升自行车的使用效率，缩短旅客的绕行距离，确保综合客运枢纽外部交通组织有序，为公众出行提供了新选择。该设施促进了综合交通枢纽与自行车等慢行交通的有效衔接。

第四节　城市公共交通系统与慢行交通系统一体化设置要求

一、“慢行交通+公共交通”的停靠站点处设计

“慢行交通+公共交通”协调发展是未来城市交通发展的趋势，二者的一体化空间设计将更好提升城市交通的服务水平。二者在空间上的联系主要体现在公共交通停靠站和相互换乘的停车场。

（一）公交站点处“步行+公共交通”的协调设计

公交站点处是出行者主要集散区之一，会产生较大的过街需求。根据公交停靠站的设计特点，采用合适的慢行设施设计方法，推广“步行+公交+步行”、“公共交通+步行+公共交通”的一体化交通模式，以满足使用公交的

出行者的过街要求以及轨道交通出行者的疏散要求，保障过街和疏散安全。在平面公交时，当行人选择到交叉口处站点进行搭乘时，过街换乘和疏散都将对交叉口处交通的安全性和有序性产生较大的影响。

1. 公交中途站具有足够的换乘空间

坚持减少行人过街次数及距离、提高整体运行效率的原则，在选择合理站点布设时一定要调查出乘客的主流向和客流量，保证公交中途站点处有足够的换乘空间，以满足绝大多数乘车人的需求。足够的换乘空间包括公交中途站候车区域的长度和宽度，以及相应换乘疏散设施等。

公交站候车区域长度的设计需要考虑设计停车站位的数量，以及站点与公交车辆类型、站内设施等因素。一般而言，最小的站点区域理想长度包括车辆减速行至停车位的距离、公交车辆长度、站内车辆之间的安全距离、车辆起动至正常车速的加速距离等。

公交站候车区域宽度的设计需要考虑站点所需的乘客等待面积、站台的设计长度等因素，而乘客等待面积的取值是由站点等待区域服务水平决定的，等待区域服务水平反映人均空间和行人之间的平均间距，体现乘客等待所花费的总时间、等待的总人数以及舒适程度。

2. 公共交通站点配套慢行过街设施

公共交通站点应根据乘客的换乘需求配套设置慢行过街设施。慢行过街设施的设置形式依据道路条件、地下空间等条件因地制宜。在主干道和客流较大的次干道的公共交通站点，应建设立体过街设施实现行人的过街；在客流较小道路和靠近交叉口的公共交通站点，应建设平面行人过街设施实现行人和机动车之间在空间上的分离，保障行人过街的便捷和安全。

立体过街设施使行人与地面车流隔离的立体形式，应设计在过街流量较大，对道路交通流量影响大的路段。立体过街设施建设应考虑过街设施与公交站点周边的商业区域、步行街、人防设施、枢纽场站等进行衔接。立体过街设施主要有人行天桥和地下通道两种形式。

平面公交站点设计应采用“尾对尾”设计，即将行人过街设施设置在停靠站尾部，协调对向停靠站行人过街，确保乘客能安全上下车，并提高乘客下车后过街的安全性。

平面过街设施应考虑与公交站点周边人流较大的区域出入口进行衔接，平面过街设施与公交站点的距离不应太远，平面人行过街宽度应根据过街交通需求和相关规范取值；若交通需求不能获得时，可根据慢行设施所在道路两侧开发性质取值。为保证过街行人及非机动车的安全，平面行人过街设施应在道路中央设置中央驻足区（安全岛），一般利用中央分隔带或绿化带分配行人或非机动车驻足空间，并在驻足区内设置等间距的隔离墩。

专栏6-6：香港——公共交通与步行的一体化设计

香港是世界上人口密度最高的城市之一，2/3的城市人口住在半径10km的区域。与这种用地高度集约、人口岗位密集城市特点相适应，香港成为“公共交通+步行”模式的代表城市，公共交通在出行方式结构中的比例为53%，自行车和步行等慢行交通的出行比例为36%，而小汽车交通的出行比例仅为10.5%。

发达的步行系统配合高效的轨道交通网形成了覆盖全城的复合型车站枢纽网络，该网络以轨道交通站点为核心，通过一系列慢行设施将轨道交通站点与附近建筑物直接相连，将原本松散的单体连成以轨道交通车站为核心的网络型车站复合体，对站内涌出的大量人流发挥了很好的分流作用，可以减少对狭窄路面的交通压力，还使行人通过慢行设施在购物、办公与普通住宅之间悠闲穿行，这些人性化的慢行空间建设使得轨道交通站点的辐射范围大大增加。这种公共交通空间布局使得城市范围内“步行+轨道交通”的出行量占出行总量的50%以上。优质的公共交通出行环境和良好的慢行环境，使得高效的公共交通分担了大部分的日常交通量。

（二）公共交通站点处“自行车+地面公交”的协调设计

常规地面公交所占用的车道往往与自行车廊道相联系，自行车对公交车辆的干扰主要表现在自行车在公交车辆前方、侧面行驶时对公交车辆产生干扰，改善公共交通站点布局设计将会在乘客进出站时提升二者的协调程度，对自行车与常规地面公交的一体化布局具有很大的促进作用。

自行车与常规地面公交一体化发展的设计要求主要体现在以下5个方面：

（1）满足功能需求。满足换乘距离需求，换乘点布置于1500m范围内有大型居住区的交通节点处。大型居住区的衔接需求由公共自行车租赁点来满足。

（2）分类布置。需求量大、用地允许的换乘点采用独立停放点，规划独立的用地；需求量小或用地紧张的换乘点结合人行道设置。

（3）结合土地利用。商业中心区公共交通节点较为密集，换乘以步行为主，所以自行车换乘设施主要布置于商业中心区的边缘及外围区域，对于商业中心区内需求量较大的公共交通站点，采用自行车停放带的形式满足自行车停放需求。

（4）方便乘客换乘。自行车换乘停放设施应结合公共交通站点的出入口合理布置，缩短乘客换乘距离，引导乘客方便、快捷换乘。

（5）公交枢纽分类及自行车交通设置要求非机动车换乘时应设置非机动车停车楼（棚）。

港湾式公交站点布局特点是压缩站点处人行廊道而将非机动车道向人行廊道方向偏移。因此慢行交通中尽量采用改进后的港湾式公交站点布局方式，既满足了公交车辆停靠的需求也减少了公交车辆与其他机动车辆的干扰，同时还避免了公交车辆与自行车的交织干扰，保障了交通安全、提高了运行效率，使二者的协调度大大提升。

交叉口内各进口道应设置非机动车过街横道，形成联通的闭环，非机动车在环内逆时针流动，转角处设置左转非机动车待行区域，并用绿化或其他设施将其与机动车隔离。在信号控制上，将非机动车与行人信号统一管理，左转非机动车在直行相位进入左转待行区，在下一个直行相位实现左转。

专栏6-7：日本公共交通与自行车的一体化设计——以车站为中心的轨道交通和自行车之间的方便换乘

这种交通模式通常分为自行车共享网络和自行车携带上车两种方式。

1．自行车共享网络

自行车共享网络的运营，简单地说就是由轨道交通运营公司在车站设立自行车停车场，向居民、观光游客等提供自行车借用服务，借用者用完后再归还到轨道交通车站的自行车停车场。开始阶段，这种方式只是在通勤者当中推广，但是逐渐地自行车也成了轨道交通沿线的居民和观光游客不可缺少的日常代步工具。

以日本近铁为例，近铁大久保站（京都线），全年中除年末和年初假期外，每天6：00～23：00时提供自行车借用服务，这种服务对于利用者几乎没有时间上的制约，而且价格便宜（月票只需2200日元，约相当于140元人民币）。伴随网络的发达，借用者可以在联网的任何车站自行车停车场内借用和归还自行车，减少了空间上的制约，方便了使用者，从而也增加了这种交通方式的吸引力。

2. 自行车携带上车

自行车携带上车是指可以将自行车携带进入列车从而方便出行的方式。这种方式在日本最早始于1998年，但是在日本由于考虑列车内空间有限和携带自行车进入地铁而引起的车站改造等原因，推广很慢。

推行这种自行车携带上车方式理想的场所是观光城市。例如，在三重县桑名市的下深谷站到大垣站的40km范围内，开始阶段只是限于周末、节假日期间开设该项服务，而且可以携带自行车进入的列车也有限定。之后，慢慢地扩展到工作日，并且列车范围也被逐渐扩大。现在，除了桑名站以外，所有车站都允许携带自行车进入所有的列车（工作日9：00～14：00，周末、节假日9：00～17：00）。

二、“慢行交通+公共交通”的换乘停车场设计

“慢行交通+公共交通”一体化模式下，每个公共交通站点都具有强大的聚集效应，能对周边居民的慢行交通出行产生强大的吸引力。公共交通站点对于慢行交通的吸引可以形成一个合理换乘区域，此区域内的出行者可以采取步行或者自行车等慢行交通方式到达公共交通站点换乘公共交通，这个区域的界定需要综合考虑出行者的出行时间、出行距离、体力消耗等诸多方面的因素。

合理换乘区域中自行车停车换乘设施作为联系自行车与公共交通系统的纽带，是评价公共交通和慢行交通衔接是否顺畅的重要内容，主要由换乘停车场、连接通道及配套服务三部分组成，如图6–1所示。

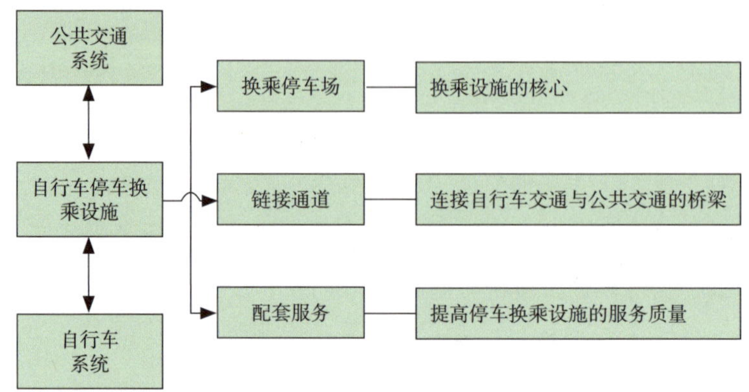

图6-1　自行车换乘系统设计流程图

（一）慢行交通与常规地面公交换乘停车场设计

慢行交通与常规地面公交的换乘，主要指的是出行者由自行车出行换乘常规地面公交出行，换乘点自行车停车场指的是常规地面公交场站附近，以驻车换乘为目的的停靠点。

1. 位置选择

换乘点处的自行车停车场应设置在公交站点的附近，以便居民可以步行换乘公交。但要减少公交站点处公交车与自行车的交通冲突，换乘点处设置自行车停车场就应满足安全性、便捷性和充分考虑自行车的使用要求主要有以下三点：

（1）安全性。尽量避免对干道机动车和进出公交站点的公交车辆运行的干扰，保证出行者等候公交车时对空间的需求，不应过多的占用原本的候车空间，以致出行者不得已在机动车道上候车太久。

（2）便捷性。确保自行车停车场到两个方向的公交站点都有方便的步行通道，方便出行者在公交站点与停车场之间安全、便捷地行走。

（3）充分考虑自行车使用。要保证自行车存放的安全与方便。

2. 确定换乘点的自行车存车量

存车量的准确性直接影响到停车场面积的确定，进而影响到停车场作用的发挥。影响存车量的因素包括以下4点：

（1）长距离出行比例。一般出行距离超过7km的出行比例为35.5%，单纯骑行的时间要在0.5h以上，这种情况下不再适合单纯的自行车出行，应当考虑换乘公共交通。

（2）换乘吸引范围。一般情况下自行车最短的出行距离约为1km，出行时间大致为5min；而最远的吸引范围应不超过自行车的平均出行距离（约5.5km）。

（3）人口构成比例。老年人和儿童不适宜自行车出行；中小学生一般就近入学，这些人群存车换乘的比例不高；换乘出行最多的群体一般为成年职工。

（4）公交站点运量比例，指的是该换乘点公交站的运量占服务范围内所有拥有换乘点的公交站运量的比例。一般而言，公交站点越大，停靠的公交车也越多，运量也越大，吸引的换乘量也大。

由此，确定换乘点的自行车存车量V计算公式如下：

$$V=K\cdot L\cdot P\cdot A$$

式中：K——长距离出行比例（%）；

L——服务范围内自行车由居住地出行的比例（%）；

P——吸引范围内成年职工的人数（人）；

A——公交站点运量比例（%）。

3. 停车场内停车方式设计

按照车辆与通道是垂直关系还是斜列方式以及单排放置还是双排放置，可将自行车的停车方式划分为双排垂直式、单排垂直式、双排斜列式及单排斜列式四种（图6-2）。斜列式中车辆与通道的角度一般分为30°、45°及60°三种。

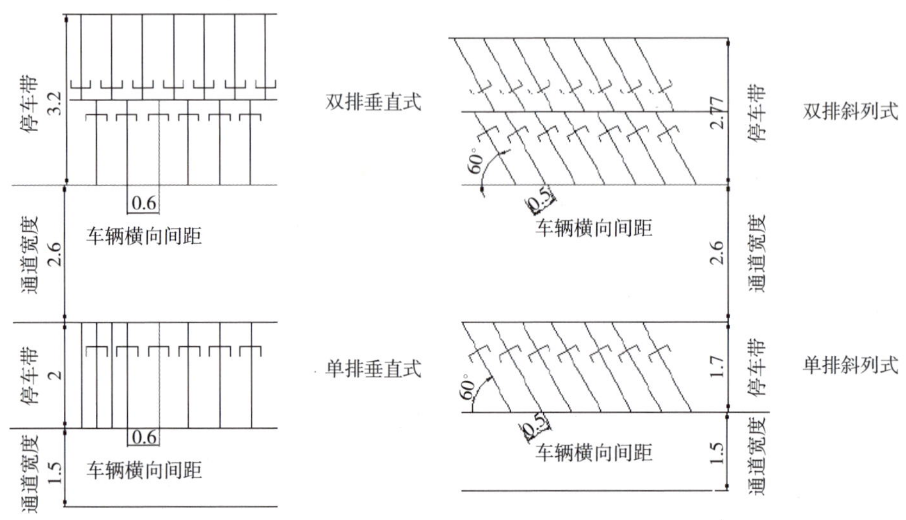

图6-2 停车场内部停车方式设计图（单位：m）

（二）慢行交通与BRT换乘停车场设计

快速公共汽车交通（BRT）与常规地面公交最大的区别就在于其对道路资源的独占性，在BRT专属车道内一般不允许其他交通工具占用。为了实现BRT的站前售票、验票，切实保证快速通行，会修建特殊的站台，因此，BRT线路较为固定，无法像常规地面公交一样灵活布点、新增和调整线路。同时，BRT因其较高的覆盖率、准点率、舒适性及较快的运营速度更有利于吸引自行车骑行者进行换乘。

1. 位置选择

在自行车换乘BRT设计中，首先应秉承“就近布置”与“分散规划”的两大基本原则，进而考虑到BRT线路主要集中于中心城区的现状，综合考虑“土地集约”与“景观协调”。

BRT停车场按照其在整条线路上的具体位置可分为首末站换乘停车场和

中途站换乘停车场。首末站换乘停车场一般分布在城市的边缘地区，主要是为自行车的远距离出行提供换乘服务，实现从城市外围连通到城市中心，因此对自行车停车场规模需求较大。首先换乘停车场的位置要保证乘客换乘后尽快地进入BRT站台，其次要保证有专门的出入口直接连通BRT车站，避免绕行。而中途站换乘停车场则是根据线路布设的，仅仅服务于站点周边较小区域，自行车换乘量相对较小。由于较成熟的BRT基本都采用中央专用道技术，在各中途站大多设置了乘客专用步行通道，比如在交叉口处会设置平面过街通道，在路段中会设置立体过街设施等。这也就要求在设计中途站换乘停车场时需同时考虑到乘客专用步行通道。

因为道路交叉口本身已经是交通拥堵的主要瓶颈，自行车换乘停车场的设计应最大限度地避免对道路交叉口造成更多不利影响。中途站换乘的乘客数量有限且来源又较分散，应充分利用道路交叉口各个方向平面过街设施附近留有的空地布设，每个换乘点的停车规模都不必太大，这样也缩短乘客的绕行距离。

在BRT道路中段设置站点时，乘客往往需要利用立体过街设施进出站台，而这些立体过街设施本身已占据了不少的道路空间，自行车换乘停车场的用地就更紧张了。因此，自行车换乘停车场可与进出站台通道共享道路资源。

2. 确定换乘点的自行车存车量

自行车换乘BRT换乘点处自行车的存车量计算亦可参照慢行交通与常规地面公交换乘停车场公式，只是各指标的取值不尽相同，就人口构成比例来讲，自行车换乘BRT的人群会稍有别于自行车换乘常规地面公交，选择自行车换乘BRT的人群一般收入较低、出行距离较远、年龄集中在15～55岁，其中仍属上班族的出行者占多数。至于停车场内停车方式的设计与慢行交通与常规地面公交换乘停车场的停车方式的设计大致相同。

（三）慢行交通与轨道交通换乘停车场设计

轨道交通与BRT的运行形式类似，轨道线路相对固定，覆盖面较宽，行驶速度和准点率较高，舒适性较好，所以轨道交通与慢行交通的衔接设施建设，更能吸引自行车骑行者与轨道交通的换乘。

1. 位置选择

自行车与轨道交通的换乘衔接仍是要通过换乘点换乘停车来实现，换乘停车场的位置选择应秉承“安全、便捷、高效”的原则，同时还要考虑自行车的主要流向、乘客换乘距离和与周边的常规公交站点想衔接等因素。减少过街自行车流，减少换乘自行车与站点周边机动车的相互干扰，提高乘客换乘效率，方便与其他交通方式的换乘。

根据停车场与轨道交通站点的衔接模式，可将停车场的位置选择划分为以下4种：

（1）将停车场设置在轨道交通车站出入口附近的路侧，这是最常见利用边角用地的一种形式，停车场造价低廉且方便管理。

（2）将停车场设置在高架桥下，适合高架轨道线车站与自行车的衔接，同时高架桥下设置自行车换乘停车场也节省用地。

（3）将自行车换乘停车场与地下站厅结合设置，直接利用车站地下大厅同层设置不仅节省用地，也缩短换乘距离，并且存车环境较好；但出入口要带斜坡其设计要求较高，一般坡道坡度不宜大于1∶4；楼梯休息平台处要推行自行车，平台的长度不可小于2m，同时由于设计难度增加，造价也相对较高。

（4）将自行车换乘停车场设置在站前交通广场，此时自行车换乘停车场应避免与机动车衔接设施混合布置，尽力减少自行车流与机动车流的交织冲突。

2. 确定换乘点的自行车存车量

自行车换乘轨道交通换乘点处自行车存车量的影响因素和慢行交通与常规地面公交换乘停车场自行车存车量的影响因素类似，主要有长距离出行比例、换乘吸引范围和人口构成比例等。确定换乘点的自行车存车量计算公式如下：

$$V=K\cdot L\cdot P$$

式中：

K——长距离出行比例（%）；

L——服务范围内自行车由居住地出行的比例（%）；

P——吸引范围内成年职工的人数（人）。

此处的换乘吸引范围定义为以轨道交通站点为中心，以3.6km为半径的圆形范围。自行车与轨道交通换乘停车场除了常见的平面式外，还可以采用立体坡道式及机械式，充分地利用现有用地。对于停车场内的停车方式的设计则与慢行交通与常规公交换乘停车场的停车方式的设计大致相同。

三、自行车停车场处标志、标线设计

自行车停车场处应配件适量的自行车停车标志、标线，合理引导自行车骑行者在公共交通换乘处的停放。其中自行车停车场标志、标线主要包括3部分：

（1）自行车专用停车场标志，即仅允许自行车停放，可配合自行车专用停车位线使用。

（2）自行车停车场入口标志，指引自行车骑行者沿此方向可进入自行车停车场，设置在公交车站点位置或交叉口位置。

（3）附近自行车停车场地图，主要在自行车停车场位置，画出临近租赁点位置，方便居民在此停车场车辆停满或者骑车出行时，方便寻找下一个停车点进行寄存或归还。

自行车停车场标志告示牌如图6-3所示。

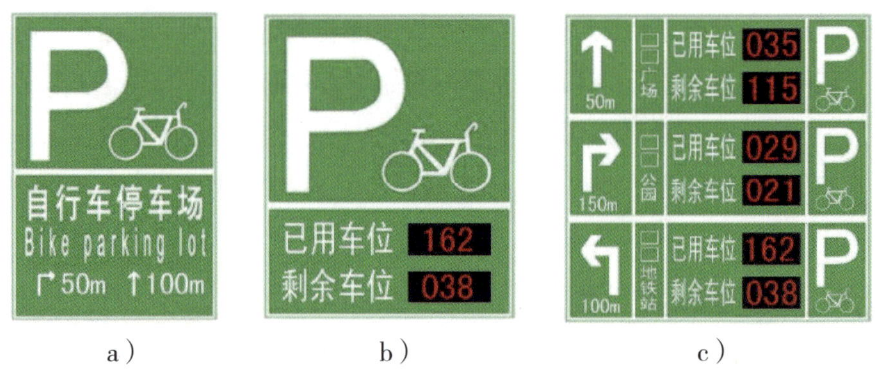

a) b) c)

图6-3 自行车专用停车场标志

第五节 城市公共自行车发展要求

随着我国城市化进程不断加快，城市规模不断扩大，居民出行距离也随之加大。但是由于我国公共交通服务水平普遍不高，存在下车步行时间过长、等候时间过长、换乘不便等问题，使更多的人倾向选择小汽车作为出行工具，导致小汽车增长速度过快。而随着小汽车的大幅度增加，CO_2气体排放量不断增多，加剧了全球气候变化与温度上升，因此应积极倡导低碳绿色出行，倡导使用低碳交通方式出行。

（1）公共自行车是一种节能、环保、方便、快捷、经济实用的绿色交通工具，符合低碳交通理念的需求。同时，它是城市短距离出行的有效交通方式之一，在一定的交通层次范围内它具有公共交通无法取代的优势和适应性。因此，应充分发挥自行车交通的特点与优势，积极鼓励发展公共自行车交通，并做好与其他公共交通方式的合理有效衔接。公共自行车交通的健康有序发展，不仅能有效缓解因机动化高速发展而带来的城市交通拥堵、交通污染、能源短缺等问题，而且可以吸引更多的小汽车出行者向公共交通出行方式转移，提高城市公共交通的吸引力与竞争力。

（2）公共自行车系统是对公共交通的补充和完善，能够有效分流交通压力，具有显著的公益属性。在确保公共自行车项目正常运转的前提下，应采取低成本运营方式，不追求赢利，尽量提高公共自行车的周转率，降低损坏率，让市民可以及时方便租车出行。国内大部分城市发展慢行交通主要是为了解决“最后一公里”问题，而随着慢行交通系统的迅速发展，公共自行车出行逐渐成为旅游、通勤等重要出行方式。同时，各级政府要加大对城市公共自行车系统的资金补贴力度，确保其有序运行。

因此，应结合城市地形、气候等实际情况，在有条件的城市推进城市公共自行车租赁系统建设，要按照“统一标准、统一政策、统一建设、统一管理”的原则，与城市公共交通有效结合，并逐步将公共自行车纳入城市公共交通体系，提升城市慢行交通和公共交通的整体服务水平。

一、开展公共自行车服务的地区应具备的特征

（1）具有明确的公共自行车发展目标和定位，能够在政策制定、资金投入、运营维护、技术支持等各方面保证公共自行车系统的可持续发展。

（2）非机动车基础设施较为完善，特别是非机动车道路网络、安全设施、停车设施等能够满足规范要求，可以提供较好地自行车通行环境。

（3）具备一定量的非机动车出行需求，出行习惯、出行距离符合自行车出行特点。

（4）需要公共自行车作为居民出行方式的必要补充，或者具有特色较为鲜明、分布较为集中的旅游景点或休闲娱乐设施。

二、公共自行车规划编制

（1）科学编制城市步行与自行车交通设施建设规划、公共自行车站点规划，指导设施建设与公共自行车系统发展。

（2）步行与自行车交通设施建设规划、自行车站点规划要与城市综合交通规划、轨道交通规划、公共汽车线路及站点规划相衔接，实现自行车交通与其他交通方式的有机融合和良性匹配。

专栏6-8：杭州市——公共自行车规划体系完善

杭州市注重慢行交通系统建设，不断完善顶层设计，努力构建“公共交通+慢行”一体化交通出行，发展多元化慢行交通模式。根据城市居民出行特征，编制《杭州市公共自行车系统规划》，开展公共自行车系统规划。截至2010年，杭州市主城区公共自行车已有2000个服务点正式运营，共投入车辆50000辆，形成了公共自行车服务点网络，全部实现通租通还，日均租用量突破了20万辆次，每车日均租用次数约为6次。

杭州市公共自行车的作用已从解决“最后一公里”拓展到通勤交通、生活购物、观光游览等多方面，使多年不骑自行车的市民又重新使用自行车；“30min的骑行”已经成为杭州市自行车出行的主流方式，居民出行结构得到有效改善。

三、公共自行车系统租赁点布局

公共自行车系统应根据居民需求和公共自行车系统特性合理布局租赁点，做到“可用、好用、实用”。应遵循以下原则：

（1）系统性。作为公共交通的一个子系统，系统考虑轨道交通、BRT以及常规地面公交规划，使整个公共交通系统最优化。

（2）整体性。公共自行车租赁点是一个有机整体，既要考虑方便租还，也要考虑区域总体规模和单个点的规模。

（3）灵活性。以方便居民出行为目的，不应只沿主干道布设，还应深入居住区、商业区、校园等区域内部。

（4）可实施性。租赁点需要占用一定空间资源，布局时应考虑实施的可行性，并考虑不引发新的交通拥堵和安全问题。

（一）服务站点基本要求

（1）服务站点的设置应尽可能靠近居民出行的起讫点、换乘点，同一运行管理区域内公共自行车应实现通租通还。

（2）服务站点的设置不能对附近整个交通环境造成影响，尽量避免设置在道路交叉口和主干道，以免对交通流造成干扰。

（3）服务站点的设置时还需考虑土地的经济性，应充分利用空闲土地，尽量减少土地的开发费用，节约土地资源。

（4）服务站点应根据城市规模形态等特点，按需求导向布局。

（5）服务站点的设置应符合城市公共交通规划和城市发展的需要。

（6）服务站点设置时应避免对其他交通方式出行造成影响，不妨碍车辆、行人通行，不引发新的交通拥堵和安全问题。因此在布局时应灵活处理，对于道路条件不允许的地段，可暂缓设租赁点，待时机成熟时再补建。

（二）服务站点位置要求

（1）BRT 停靠站、公交换乘站、主要景观道和带隔离栏的道路两侧都要设置公共自行车服务站点，方便市民使用自行车，减少过街交通量。

（2）景点大门、城市轨道交通出入口、公交车下车处、标志性建筑物及广场的站点设置在侧面或50m远处，以免影响景观或妨碍通行。

（3）公共自行车站点勿占用其他公共设施（如窨井盖、电力通信检修井等）。

（4）设置服务站点的步行道宽度不得小于4m，以免公共自行车停放时占用步行道或盲道，若步行道较窄可采用30°斜角安装或把服务站点移到步行道的树木之间。

（5）若不能确定锁柱数量，则按照标准服务站点进行规划，推荐设置20～40个锁柱。智能公共自行车管理系统会根据实际运营情况，自动分析每日的借还车数量和时段，再进行锁柱的扩容。

（6）公共自行车服务站点要预留临时存车空间或锁车柱扩容空间，借还量大的服务站点（如地铁出入口附近）临时存车空间要求可以停放30～100辆。

（7）公共自行车服务站点附近要有220V的市电或路灯电接入点，以保证公共自行车服务站点正常工作。

专栏6-9：里昂市——公共自行车租赁站点合理布设

法国里昂的公共自行车布设遵循的重要原则是租赁站点不占据行人步行空间，租赁点布设依据城市人口和就业岗位密度，综合考虑用地性质、建筑密度、居民出行特征、城市交通特征、布点间距等，将点位设置在居住小区、商业、公建、轨道交通车站、公交枢纽等建筑和人流聚集区域，以及采用与绿化空间融合、与路边停车结合等方式，通过合理布设公共自行车租赁站点，有效满足居民的多样化交通需求，提升居民生活质量。

四、公共自行车系统建设

公共自行车的发展需要综合考虑本地经济社会发展水平、城市交通状况、自行车道路系统建设、公共自行车租赁需求等方面的情况，选择适合本地实际的公共自行车系统。

要坚持先试点、后推广。公共自行车系统建设初期需先选择城区交通流量大、自行车出行条件较好的区域投放一定规模的公共自行车进行试点，在试点成熟的基础上逐步推广、扩大应用范围。要同步做好车辆管理信息系统、车辆调运管理系统、IC卡资信收费系统、自行车停车安全视频监控系统、自行车防盗系统、维修保养系统等的建设，为市民提供安全、优质、高效的服务。

专栏6-10：哥本哈根市——公共自行车系统建设

哥本哈根自1995年开始发展公共租赁自行车系统，最初是作为一个项目，由政府与私人联合经营，面向本市市民及游客免费开放，系统建设初期共投入2000辆白色公共租赁自行车，分布于市区125个网点，系统采用自行车使用者投币取车，还车退押金的方式进行租赁。

哥本哈根在开展政府“城市自行车”项目的基础上，不断扩大服务范围，逐步在为服务业、流动人员（旅游者）等提供公共自行车租赁服务。有效加强公共交通的可达性，降低公共交通车厢内的自行车搭载量，为乘客提供更多的乘车空间。

哥本哈根的自行车专用道有350km，为了将自行车专用道和机动车车道分开，自行车专用道修得稍微高一些；市内拥有40km完全与机动车道隔离且不交叉的自行车绿色通道，另有70km绿色通道正在建设中。每天有60多万哥本哈根市民（哥本哈根地区居民总数约170万人）骑车出行，出行人数约占哥本哈根地区居民总数的1/3，出行总里程达到120万km，每年减少CO_2排放量10万t以上。

五、公共自行车运营管理

根据公共服务市场的相关理论研究以及公共自行车系统在国内外的实践和运用情况，将公共自行车系统运营模式划为三类，即完全市场化模式、部分市场化模式、政府购买服务模式。

（1）完全市场模式。由政府主导，企业投资自负盈亏。

（2）部分市场化模式。由政府主导前期系统建设投资，企业负责后期运营维护。

（3）政府购买服务模式。由政府出资，企业运作的运营模式。

三种模式的基本特征、适用条件、优缺点以及代表城市如表6-1所示：

三种公共自行车运营管理模式对照表　　表6-1

模式类型	特　点	适用条件	优势	缺点	代表城市
完全市场模式	政府不投入，仅提供必要条件（网点用地、用电、信息传输网络等）；建设、运营、维护完全市场化运作，由企业投入和承担	地区发展水平高，政府能提供商业资源补偿	政府无财政负担	难以保障偏远地区服务，对政府监管能力要求高	巴黎、里昂
部分市场化模式	政府投入启动资金用于系统初期建设；后续资金投入及建设、运营、维护均由企业负责	地区发展水平差异较大，政府能提供商业资源补偿	解决初期建设投入问题	政府要有一定投入	杭州、武汉

续上表

模式类型	特 点	适用条件	优势	缺点	代表城市
政府购买服务模式	系统初期和后续的建设、运营、维护资金均由政府投入；企业仅负责具体的建设、运营、维护	政府无法提供商业资源补偿或商业资源价值不足，政府有稳定财政投入保障	较好保障服务提供	政府财政负担大	上海

在标准、服务、管理一体化的前提下，根据公共自行车准公共产品的经济特点，综合考虑我国城市经济发展水平、客流需求、政府财政负担等相关因素，逐步建立以政府为主导，适当探索市场化的运营发展模式。

六、公共自行车系统技术支持

由于城市居民早晚高峰的出行具有一定的规律性，居民出行起讫点的公共自行车租赁站表现为不同走向的客流特征，因此，应运用先进的智能技术，依托通信、计算机网络技术以及卫星定位系统等高新技术，对公共自行车进行实时监控，科学合理调配与管理各租赁站点之间的公共自行车辆，以保证公共自行车交通系统能为最大数量的使用者提供服务，提高公共自行车企业的运营水平与服务质量。

（1）每辆自行车和每个服务终端都有独立编号，能迅速地定位租赁点，并具体到某一辆车。服务终端由计价器、电脑、银行卡付费系统、GPRS天线和触摸控制屏组成，从地下通过电缆和各停车桩相连。

（2）自行车车把上设有内置电脑，内置电脑通过安装在停车桩上的无线短波将自行车使用的里程数据反馈给运营中心，通过GPRS天线将自行车状态、取车和还车时间等数据直接传送到运营中心服务器。

（3）专门开发的计算机系统专业软件将用于汇总所需信息，以追踪租赁点、用户和自行车的具体情况，包括：租赁点闲置和需要维修不能租借的自行车数量、停车桩的周转次数等；用户租借明细、行驶里程、平均速度、预存余额等；自行车行驶里程、累计租借时间、行程明细和用户名称、平均速度和最大速度等。接收到的信息可以监督租赁点的自行车常备供应量；也可满足用户不同时空的不同要求，并周期性绘制统计表格，说明公共自行车的使用情况和规划目标的完成情况；同时也是未来完善自行车租赁点网络布局的主要数据来源。

专栏6-11：杭州市——公共自行车智能管理

杭州的公共自行车系统在进行运营和管理时积极引进并应用智能化管理技术，主要包括两个方面：

（1）建立了“空满位实时报警系统”，当服务点自行车满位率大于80%或小于20%时，该系统将会通过实时信息传输进行自动报警，然后通过视频切换、后台监控，使公共自行车服务中心能够及时掌握服务点空满位情况，为准确配送自行车提供依据。

（2）开通了短信服务平台，提供更多的信息沟通渠道。如果市民有投诉、咨询、建议或挂失车辆，都可编辑短信与服务中心联系，服务中心会在3个工作日内给予回复。智能的管理系统更加提升了市民对公共自行车使用的方便性。

七、公共自行车系统维修

城市公共自行车由于使用频率高、使用环境差异化较大等因素，导致公共自行车损坏率高，因此需要建立完善的维修体系。

城市公共自行车系统应采用三级维修体系，确保公共自行车的完好运营。

（1）当公共自行车出现小的故障时，由管理员和维修工在租赁站点进行现场修理。

（2）当公共自行车出现较大的故障时，集中调运到各区域的中心维修点进行集中维修。

（3）当公共自行车受到严重损害时，将车辆运回仓库，更换零部件，翻新后重新投入运营。

第六节　促进城市慢行交通系统发展的政策建议

建议按照“三衔接、三保障”的思路全力推进我国城市慢行交通系统的健康快速发展。“三衔接”：与城市总体规划相衔接、与综合运输体系相衔接、与公共交通系统相衔接；“三保障”：体制制度保障、财政政策保障、路权设施保障。

一、与城市总体规划相衔接

根据城市规模、经济水平、空间结构、地形地貌、居民出行结构等城市特征，充分考虑城市本身发展的战略和规划，与城市土地利用相结合，在明确城市慢行交通发展定位的基础上，对城市慢行交通系统进行一体化规划设计，达到城市发展和慢行交通系统发展的相互协调。

二、与综合运输体系相衔接

将慢行交通的发展作为城市综合交通发展战略的重要组成部分。在城市综合交通规划编制过程中要强化慢行交通的地位，城市交通发展理念要从“重车轻人”向“以人为本”转变，将解决人车冲突作为解决城市交通问题的一项重要的内容。在充分考虑慢行交通与其他交通方式的一体化设计和整合的基础上，明确慢行交通发展目标、原则、功能定位和设施布局，确定慢行交通出行分担比例目标，使综合交通运输体系向人性化、环保化、效率化发展，实现系统整体的最优化。

三、与公共交通系统相衔接

建议从国家的层面出台《城市绿色交通发展战略规划指导意见》，以科学发展观为指导，密切结合公交优先发展战略，将慢行交通与公共交通作为城市绿色交通发展的一个整体进行统筹布局与谋划。将公共自行车系统纳入城市公共交通系统，真正建立城市轨道交通、常规地面公交、公共自行车三位一体的公共交通体系，将公共交通系统的优势进行整合，解决“最后一公里”出行难问题，从而有效缓解城市交通压力。公共自行车作为公共服务的一种，建议充分体现其公益化的特点，由政府进行支持保障，促进公共自行车系统的稳定发展。

四、体制制度保障

按照促进绿色交通发展的整体推进思路，形成慢行交通一体化的管理机制与法规规划体系，实现城市交通发展与土地利用、环境保护、社会公平等多元化目标的相互协调。建议国务院利用新一轮地方政府机构改革的有利时机，借鉴深圳等中心城市交通管理体制改革的经验，研究出台加快城市交通管理体制改革的指导意见，按照精简、统一、效能的原则，加快推进慢行交通管理体制改革，促进慢行交通发展和综合运输体系建设。

五、财政政策保障

建议加快形成以当地市政府为主体，以中央和省级财政为引导和支持的财政保障机制。一是中央财政建立包括公共交通和慢行交通的城市绿色交通发展专项资金。中央政府要像对待公共医疗、义务教育等事业一样，向百姓提供基本出行服务，并对此承担财政补贴责任，设立城市绿色交通年度投资计划。二是将城市慢行交通投入纳入地方公共财政预算体系。在城市维护建设资金、土地出让金、城市公用事业附加费和基础设施配套费等收入中安排一定比例的资金，用于城市慢行交通发展。

六、路权设施保障

保障慢行交通系统路权，是有效提升慢行交通吸引力，倡导居民绿色出行的必要条件。针对不同城市发展特征，应合理设置慢行步道和自行车专用道，保障慢行交通的优先性，切实体现慢行交通的舒适性和灵活性。禁止或减少占用步行道和自行车道停放机动车。为缓解机动车停车设施不足的问题，在统筹考虑城市道路等级及功能、地上杆线及地下管线、车辆及行人交通流量组织疏导能力等情况下，可适当设置限时停车、夜间停车等分时段临时占用道路的机动车停车位。在路外机动车停车位比较充裕的区域，不得占用道路设置路内机动车停车位。

附　录

附录一

《国务院关于加强城市基础设施建设的意见》

（国发〔2013〕36号）

各省、自治区、直辖市人民政府，国务院各部委、各直属机构：

城市基础设施是城市正常运行和健康发展的物质基础，对于改善人居环境、增强城市综合承载能力、提高城市运行效率、稳步推进新型城镇化、确保2020年全面建成小康社会具有重要作用。当前，我国城市基础设施仍存在总量不足、标准不高、运行管理粗放等问题。加强城市基础设施建设，有利于推动经济结构调整和发展方式转变，拉动投资和消费增长，扩大就业，促进节能减排。为加强和改进城市基础设施建设，现提出以下意见：

一、总体要求

（一）指导思想

以邓小平理论、“三个代表”重要思想、科学发展观为指导，围绕推进新型城镇化的重大战略部署，立足于稳增长、调结构、促改革、惠民生，科学研究、统筹规划，提升城市基础设施建设和管理水平，提高城镇化质量；深化投融资体制改革，充分发挥市场配置资源的基础性作用；着力抓好既利当前、又利长远的重点基础设施项目建设，提高城市综合承载能力；保障城市运行安全，改善城市人居生态环境，推动城市节能减排，促进经济社会持续健康发展。

（二）基本原则

规划引领。坚持先规划、后建设，切实加强规划的科学性、权威性和严肃性。发挥规划的控制和引领作用，严格依据城市总体规划和土地利用总体规划，充分考虑资源环境影响和文物保护的要求，有序推进城市基础设施建设工作。

民生优先。坚持先地下、后地上，优先加强供水、供气、供热、电力、通信、公共交通、物流配送、防灾避险等与民生密切相关的基础设施建设，加强老旧基础设施改造。保障城市基础设施和公共服务设施供给，提高设施水平和服务质量，满足居民基本生活需求。

安全为重。提高城市管网、排水防涝、消防、交通、污水和垃圾处理等基础设施的建设质量、运营标准和管理水平，消除安全隐患，增强城市防灾减灾能力，保障城市运行安全。

机制创新。在保障政府投入的基础上，充分发挥市场机制作用，进一步完善城市公用事业服务价格形成、调整和补偿机制。加大金融机构支持力度，鼓励社会资金参与城市基础设施建设。

绿色优质。全面落实集约、智能、绿色、低碳等生态文明理念，提高城市基础设施建设工业化水平，优化节能建筑、绿色建筑发展环境，建立相关标准体系和规范，促进节能减排和污染防治，提升城市生态环境质量。

二、围绕重点领域，促进城市基础设施水平全面提升

当前，要围绕改善民生、保障城市安全、投资拉动效应明显的重点领域，加快城市基础设施转型升级，全面提升城市基础设施水平。

（一）加强城市道路交通基础设施建设

公共交通基础设施建设。鼓励有条件的城市按照“量力而行、有序发展”的原则，推进地铁、轻轨等城市轨道交通系统建设，发挥地铁等作为公共交通的骨干作用，带动城市公共交通和相关产业发展。到2015年，全国轨道交通新增运营里程1000km。积极发展大容量地面公共交通，加快调度中心、停车场、保养场、首末站以及停靠站的建设；推进换乘枢纽及充电桩、充电站、公共停车场等配套服务设施建设，将其纳入城市旧城改造和新城建设规划同步实施。

城市道路、桥梁建设改造。加快完善城市道路网络系统，提升道路网络密度，提高城市道路网络连通性和可达性。加强城市桥梁安全检测和加固改造，限期整改安全隐患。加快推进城市桥梁信息系统建设，严格落实桥梁安全管理制度，保障城市路桥的运行安全。各城市应尽快完成城市桥梁的安全检测并及时公布检测结果，到2015年，力争完成对全国城市危桥加固改造，地级以上城市建成桥梁信息管理系统。

城市步行和自行车交通系统建设。城市交通要树立行人优先的理念，改善居民出行环境，保障出行安全，倡导绿色出行。设市城市应建设城市步行、自行车“绿道”，加强行人过街设施、自行车停车设施、道路林荫绿化、照明等设施建设，切实转变过度依赖小汽车出行的交通发展模式。

（二）加大城市管网建设和改造力度

市政地下管网建设改造。加强城市供水、污水、雨水、燃气、供热、通信等各类地下管网的建设、改造和检查，优先改造材质落后、漏损严重、影响安全的老旧管网，确保管网漏损率控制在国家标准以内。到2015年，完成全国城镇燃气8万km、北方采暖地区城镇集中供热9.28万km老旧管网改造任务，管网事故率显著降低；实现城市燃气普及率94%、县城及小城镇燃气普及率65%的目标。开展城市地下综合管廊试点，用3年左右时间，在全国36个大中城市全面启动地下综合管廊试点工程；中小城市因地制宜建设一批综合管廊项目。新建道路、城市新区和各类园区地下管网应按照综合管廊模式进行开发建设。

城市供水、排水防涝和防洪设施建设。加快城镇供水设施改造与建设，积极推进城乡统筹区域供水，力争到2015年实现全国城市公共供水普及率95%和水质达标双目标；加强饮用水水源建设与保护，合理利用水资源，限期关闭城市公共供水管网覆盖范围内的自备水井，切实保障城市供水安全。在全面普查、摸清现状基础上，编制城市排水防涝设施规划。加快雨污分流管网改造与排水防涝设施建设，解决城市积水内涝问题。积极推行低影响开发建设模式，将建筑、小区雨水收集利用、可渗透面积、蓝线划定与保护等要求作为城市规划许可和项目建设的前置条件，因地制宜配套建设雨水滞渗、收集利用等削峰调蓄设施。加强城市河湖水系保护和管理，强化城市蓝线保护，坚决制止因城市建设非法侵占河湖水系的行为，维护其生态、排水防涝和防洪功能。完善城市防洪设施，健全预报预警、指挥调度、应急抢险等措施，到2015年，重要防洪城市达到国家规定的防洪标准。全面提高城市排水防涝、防洪减灾能力，用10年左右时间建成较完善的城市排水防涝、防洪工程体系。

城市电网建设。将配电网发展纳入城乡整体规划，进一步加强城市配电网建设，实现各电压等级协调发展。到2015年，全国中心城市基本形成500（或330）千伏环网网架，大部分城市建成220（或110）千伏环网网架。推进城市电网智能化，以满足新能源电力、分布式发电系统并网需求，优化需求侧管理，逐步实现电力系统与用户双向互动。以提高电力系统利用率、安全可靠水平和电能质量为目标，进一步加强城市智能配电网关键技术研究与试

（三）加强公共服务配套基础设施规划统筹

城市基础设施规划建设过程中，要统筹考虑城乡医疗、教育、治安、文化、体育、社区服务等公共服务设施建设。合理布局和建设专业性农产品批发市场、物流配送场站等，完善城市公共厕所建设和管理，加强公共消防设施、人防设施以及防灾避险场所等设施建设。

四、抓好项目落实，加快基础设施建设进度

（一）加快在建项目建设

各地要统筹组织协调在建基础设施项目，加快施工建设进度。通过建立城市基础设施建设项目信息系统，全面掌握在建项目进展情况。对城市道路和公共交通设施建设、市政地下管网建设、城市供水设施建设和改造、城市污水处理设施建设和改造、城市生活垃圾处理设施建设、消防设施建设等在建项目，要确保工程建设在规定工期内完成。各地要列出在建项目的竣工时间表，倒排工期，分项、分段落实；要采取有效措施，确保建设资金、材料、人工、装备设施等及时或提前到位；要优化工程组织设计，充分利用新理念、新技术、新工艺，推进在建项目实施。

（二）积极推进新项目开工

根据城市基础设施建设专项规划落实具体项目，科学论证，加快项目立项、规划、环保、用地等前期工作。进一步优化简化城市基础设施建设项目审批流程，减少和取消不必要的行政干预，逐步转向备案、核准与审批相结合的专业化管理模式。要强化部门间的分工合作，做好环境、技术、安全等领域审查论证，对重大基础设施建设项目探索建立审批“绿色通道”，提高

效率。在完善规划的基础上，对经审核具备开工条件的项目，要抓紧落实招投标、施工图设计审查、确定施工及监理单位等配套工作，尽快开工建设。

（三）做好后续项目储备

按照城市总体规划和基础设施专项规划要求，超前谋划城市基础设施建设项目。各级发展改革、住房城乡建设、规划和国土资源等部门要解放思想，转变职能和工作作风，通过统筹研究、做好用地规划安排、提前下拨项目前期可研经费、加快项目可行性研究等措施，实现储备项目与年度建设计划有效对接。对2016年、2017年拟安排建设的项目，要抓紧做好前期准备工作，建立健全统一、完善的城市基础设施项目储备库。

五、确保政府投入，推进基础设施建设投融资体制和运营机制改革

（一）确保政府投入

各级政府要把加强和改善城市基础设施建设作为重点工作，大力推进。中央财政通过中央预算内投资以及城镇污水管网专项等现有渠道支持城市基础设施建设，地方政府要确保对城市基础设施建设的资金投入力度。各级政府要充分考虑和优先保障城市基础设施建设用地需求。对于符合《划拨用地目录》的项目，应当以划拨方式供应建设用地。基础设施建设用地要纳入土地利用年度计划和建设用地供应计划，确保建设用地供应。

（二）推进投融资体制和运营机制改革

建立政府与市场合理分工的城市基础设施投融资体制。政府应集中财力建设非经营性基础设施项目，要通过特许经营、投资补助、政府购买服务等

多种形式，吸引包括民间资本在内的社会资金，参与投资、建设和运营有合理回报或一定投资回收能力的可经营性城市基础设施项目，在市场准入和扶持政策方面对各类投资主体同等对待。创新基础设施投资项目的运营管理方式，实行投资、建设、运营和监管分开，形成权责明确、制约有效、管理专业的市场化管理体制和运行机制。改革现行城市基础设施建设事业单位管理模式，向独立核算、自主经营的企业化管理模式转变。进一步完善城市公用事业服务价格形成、调整和补偿机制。积极创新金融产品和业务，建立完善多层次、多元化的城市基础设施投融资体系。研究出台配套财政扶持政策，落实税收优惠政策，支持城市基础设施投融资体制改革。

六、科学管理，明确责任，加强协调配合

（一）提升基础设施规划建设管理水平

城市规划建设管理要保持城市基础设施的整体性、系统性，避免条块分割、多头管理。要建立完善城市基础设施建设法律法规、标准规范和质量评价体系。建立健全以城市道路为核心、地上和地下统筹协调的基础设施管理体制机制。重点加强城市管网综合管理，尽快出台相关法规，统一规划、建设、管理，规范城市道路开挖和地下管线建设行为，杜绝“拉链马路”、窨井伤人现象。在普查的基础上，整合城市管网信息资源，消除市政地下管网安全隐患。建立城市基础设施电子档案，实现设市城市数字城管平台全覆盖。提升城市管理标准化、信息化、精细化水平，提升数字城管系统，推进城市管理向服务群众生活转变，促进城市防灾减灾综合能力和节能减排功能提升。

（二）落实地方政府责任

省级人民政府要把城市基础设施建设纳入重要议事日程，加大监督、指导和协调力度，结合已有规划和各地实际，出台具体政策措施并抓好落实。城市人民政府是基础设施建设的责任主体，要切实履行职责，抓好项目落实，科学确定项目规模和投资需求，公布城市基础设施建设具体项目和进展情况，接受社会监督，做好城市基础设施建设各项具体工作。对涉及民生和城市安全的城市管网、供水、节水、排水防涝、防洪、污水垃圾处理、消防及道路交通等重点项目纳入城市人民政府考核体系，对工作成绩突出的城市予以表彰奖励；对质量评价不合格、发生重大事故的政府负责人进行约谈，限期整改，依法追究相关责任。

（三）加强部门协调配合

住房城乡建设部会同有关部门加强对城市基础设施建设的监督指导；发展改革委、财政部、住房城乡建设部会同有关部门研究制定城市基础设施建设投融资、财政等支持政策；人民银行、银监会会同有关部门研究金融支持城市基础设施建设的政策措施；住房城乡建设部、发展改革委、财政部等有关部门定期对城市基础设施建设情况进行检查。

中华人民共和国国务院

2013年9月6日

（此件有删减）

附录二

《住房城乡建设部　发展改革委　财政部关于加强城市步行和自行车交通系统建设的指导意见》

（建城〔2012〕133号）

各省、自治区、直辖市、计划单列市住房和城乡建设厅（住房城乡建设委、建委、建设局）、发展和改革委员会、财政厅（局），北京市规划委员会、交通委员会，天津市、上海市城乡建设和交通委员会，重庆市规划局、交通委员会、市政管理委员会，新疆生产建设兵团建设局、发展和改革委员会、财政局：

为贯彻落实国务院《“十二五”节能减排综合性工作方案》和《节能减排“十二五”规划》，促进城市交通领域节能减排，加快城市交通发展模式转变，预防和缓解城市交通拥堵，促进城市交通资源合理配置，倡导绿色出行，针对当前城市步行和自行车交通环境日益恶化、出行比例持续下降的实际情况，就加强城市步行和自行车交通系统的建设，提出以下指导意见：

一、充分认识城市步行和自行车交通的重要性

发展城市步行和自行车交通是预防和缓解交通拥堵、减少大气污染和能源消耗的重要途径，关系人民群众的生产生活和城市可持续发展。步行和自行车交通出行灵活、准时性高，在我国具有良好的发展基础，是解决中短距

离出行和接驳换乘的理想交通方式，是城市综合交通不可缺少的重要组成部分。同时，发展城市步行和自行车交通是城市交通节能、减少碳排放和细颗粒物（PM2.5）、改善环境的重要措施。各地要充分认识加强城市步行和自行车交通系统建设的重要性和紧迫性，全面推进城市步行和自行车交通系统建设，改善城市人居环境，促进城市可持续发展。

二、基本原则和发展目标

（一）基本原则

一是坚持以人为本。把方便群众出行作为首要原则，以群众实际出行需求和意愿为导向，加强道路等设施建设，为人民群众提供安全、便捷、舒适的城市步行和自行车出行环境。二是坚持科学规划。认真组织编制城市步行和自行车交通系统规划，加强与有关规划的协调，做到城市步行和自行车交通与其他交通方式的良好衔接和匹配。三是坚持因地制宜。根据城市的实际情况，科学确定城市步行和自行车交通发展目标和实施策略，合理选择建设方案。四是坚持节约集约。在城市步行和自行车交通系统用地安排、材料选择、景观环境建设等方面，兼顾舒适性和经济性。

（二）发展目标

大城市、特大城市发展步行和自行车交通，重点是解决中短距离出行和与公共交通的接驳换乘；中小城市要将步行和自行车交通作为主要交通方式予以重点发展。

到2015年，城市步行和自行车出行环境明显改善，步行和自行车出行分担率逐步提高。市区人口在1000万以上的城市，步行和自行车出行分担率达到45%以上；市区人口在500万以上、建成区面积在320km^{2}以上或人口在200

万以上、建成区面积在500km²以上的城市，步行和自行车出行分担率达到50%以上；市区人口在200万以上、建成区面积在120km²以上的城市，步行和自行车出行分担率达到55%以上；市区人口在100万以上的城市，步行和自行车出行分担率达到65%以上；其余城市，步行和自行车出行分担率达到70%以上。

三、强化规划的先导和调控作用

（一）发挥城市总体规划的宏观指导作用

按照现代城市交通发展理念，科学制定城市总体规划，在城市功能分区、用地布局和路网密度等方面应充分考虑步行和自行车交通系统的建设，在道路交通系统规划中明确步行和自行车交通的发展要求。

（二）通过城市综合交通规划统筹设施布局

城市综合交通规划要确定步行和自行车交通发展目标、原则、功能定位和设施布局。根据城市规模、自然条件、交通需求、公共交通设施等，确定步行和自行车出行分担比例目标，以保障步行和自行车交通发展为前提，确定交通资源分配利用的原则，结合道路系统规划，确定步行和自行车交通系统网络布局和道路、绿道等设施规划指标。

（三）编制实施专项规划

2015年前，设市城市政府要组织编制完成城市步行和自行车交通系统规划。专项规划的编制要依据城市总体规划和城市综合交通规划，重点是落实和细化城市步行和自行车交通系统的发展政策和设施布局，结合城市地形地貌、自然条件和城市交通发展实际等，合理规划步行、自行车道及停车设施，并提出近期建设方案。城市步行和自行车交通系统规划要与城市轨道交通、公共交通、停车设施等专项规划相衔接，并采取论证会、听证会或者其他方式征求专家和公众的意见。

四、加快基础设施建设

（一）加强步行道和自行车道建设

结合城市道路建设，完善步行道和自行车道。城市道路建设要优先保证步行和自行车出行。依据专项规划，新建及改扩建城市主干道、次干道，要设置步行道和自行车道，城市支路和居住区道路，要设置步行道。对不按规划建设步行道和自行车道的建设项目，城乡规划主管部门不予办理规划许可，城市建设主管部门不予办理施工许可。自行车道原则上应尽可能避免与步行道共板设置。要结合旧城改造、环境整治等，打通断头路，打开封闭街区，加密路网，完善步行和自行车微循环系统。

结合城市水体、山体、绿地，建设步行和自行车休闲道路。在城市河道整治、园林绿化建设过程中，尽可能规划建设自行车路网，在城市河道两侧亲水空间设置步行专用道，在郊野公园、湖泊周边设置步行专用道和自行车专用道，方便居民休闲、健身和出行。

加强步行道和自行车道环境建设。在步行道和自行车道建设过程中，要合理选择道路铺装材料，确保路面平整。加强城市道路沿线照明和沿路绿化，建设林荫路，提高舒适性，改善出行环境。在城市次干道及以上等级道路、机动车和自行车交通量较大的支路，合理设置机非护栏、阻车桩、隔离墩等设施，防止机动车穿行自行车道或进入人行道，保障行人安全。

（二）合理设置行人过街设施

坚持平面为主、立体为辅的原则，科学设置行人过街设施。在城市道路路段和交叉口，设置人行横道，并通过施划标线、设置安全岛、信号灯，保障行人过街安全。按照有关标准规范要求设置人行天桥或人行地道的，应符合无障碍标准，尽可能安装电梯、电动扶梯，方便行人通行。

结合城市建设和改造，建设立体步行系统和步行街。在人流密集的大型商业中心、办公区、公共交通枢纽等地区，结合地下空间利用、周边建筑、公交车站、轨道交通车站出入口，建设连续、贯通的步行连廊等立体步行系统。结合商业、旅游网点开发，建设与土地利用、城市风貌相协调的步行街。

（三）加快自行车停车设施建设

居住区、公共设施要为自行车提供足够的停车空间和方便的停车设施。新建住宅小区必须配建永久性自行车停车场（库），并以地面停车为主。老旧小区、平房地区要通过建设自行车公共停车场，解决居民自行车停车问题。建筑面积2万m^2以上的公共建筑、名胜古迹、公园、广场应当按照专项规划的要求设置自行车停车设施。对不按规划建设自行车停车设施的建设项目，城乡规划主管部门不予办理规划许可，城市建设主管部门不予办理施工许可。

鼓励发展自行车驻车换乘。轨道交通车站、公共交通换乘枢纽必须设置自行车停车设施，集散量较大的公交车站也应尽可能设置自行车停车设施，并为自行车驻车换乘提供良好和方便的条件。

五、保障步行和自行车的基本路权

（一）加强占道管理保障步行道和自行车道有效宽度

严禁通过挤占步行道、自行车道方式拓宽机动车道，已挤占的，要尽快恢复。步行道、自行车道上必要的设施设置要符合国家有关标准规范，禁止以任何形式非法占用步行道和自行车道。合理布设公交站点，设置公交港湾，减少公共汽（电）车进出站对自行车的影响。

禁止占用步行道、减少占用自行车道停放机动车。为缓解机动车停车设施不足的问题，在统筹考虑城市道路等级及功能、地上杆线及地下管线、车辆及行人交通流量组织疏导能力等情况下，可适当设置限时停车、夜间停车等分时段临时占用道路的机动车停车位。在路外机动车停车位比较充裕的区域，不得占用道路设置路内机动车停车位。

严格占道施工许可。尽量减少占用步行道和自行车道，确需占用步行道和自行车道的，要通过交通组织、临时工程措施等解决步行和自行车出行问题。

（二）加强设施养护和维修

结合城市道路养护维修，加强步行道和自行车道及附属设施的养护和维修。城市市政工程行政主管部门要依据《城市道路管理条例》组织有关单位，严格执行城市道路养护、维修的技术规范，定期对城市道路进行养护、维修，确保养护、维修工程的质量。保障步行道和自行车道具有良好的通行条件。

六、加大政策支持力度

（一）保障资金投入

将步行道和自行车道及其附属设施一并纳入城市道路建设（养护、维修）计划，保证资金投入。完善投融资机制，坚持政府投入为主，鼓励和引导民间资金参与，多渠道筹措建设资金。各地要保证城市综合交通规划以及城市步行和自行车交通系统等专项规划编制经费的落实。

（二）鼓励发展公共自行车系统

结合城市实际条件，发展公共自行车系统。坚持政府主导、市场运作、企业管理的原则，结合公交车站、轨道车站、交通枢纽等合理布设自行车存取点，做到系统化、网络化。重点加强城市自行车交通系统的建设，改善自行车出行条件，并引导居民自有自行车的发展，从而提升城市自行车出行整体水平。

（三）正确引导电动自行车的发展

电动自行车在提高居民出行效率、促进节能减排等方面具有一定作用。要在城市基础设施建设中，充分利用太阳能和风能等可再生能源，考虑充电桩等设施的建设。同时，城市政府有关部门要加强对电动自行车的管理，引导居民合理使用符合国家标准的电动自行车。

七、加强宣传和监督管理

（一）加强宣传引导

加大城市步行和自行车交通系统宣传力度。充分发挥报纸、电视、网络等媒体的作用，制作公益广告片、推广宣传好的典型。通过开展“中国城市无车日活动”、建设步行和自行车出行示范段（区域）等形式，增强居民绿色交通出行意识，倡导选择步行、自行车等绿色交通方式出行。

（二）加强监督管理

城市人民政府要明确城市步行和自行车交通系统的主要职责部门。各有关部门要加强协调和配合，共同推进城市步行和自行车交通系统建设。各省、自治区、直辖市住房城乡建设部门要督促、指导各城市落实有关政策，并加强监督检查。

积极开展试点示范，发挥示范效应，推动工作开展。将城市步行和自行车交通系统的完善情况作为申报“国家园林城市”、“中国人居环境奖”等奖项的必要条件，通过有关指标的考核，指导地方加大城市步行和自行车交通系统的建设，促进城市人居环境的改善。

中华人民共和国住房和城乡建设部

中华人民共和国国家发展和改革委员会

中华人民共和国财政部

2012年9月5日

参考文献

[1] 万军，张航. 基于低碳理念的城市慢行交通发展模式研究[J]. 西部交通科技，2010（7）：75-77.

[2] 李清波，罗进锋，宋鸿. 基于层次分析法的慢行交通系统评价研究[J]. 现代交通技术，2014（1）：58-60.

[3] 熊文，陈小鸿. 城市交通模式比较与启示[J].城市规划，2009（3）：56-58.

[4] 陈飞. 低碳城市发展与对策措施研究——上海实证分析[M]. 北京：中国建筑工业出版社，2010：77-82.

[5] 王秋平. 城市自行车交通网络规划研究[D]. 西安：西安建筑科技大学，2005.

[6] 卢柯，潘海啸. 城市步行交通的发展——英国、德国和美国城市步行环境的改善措施[J]. 国外城市规划，2001，（6）：39-43.

[7] 黄彬. 杭州市公共自行车系统运行状况调查分析与展望[J]. 城市规划学刊，2010，（6）：72-79.

[8] 邵海鹏，杨晓光，董海倩. 机非混行道路交通改善方法研究[J]. 城市交通，2007，5（1）：83-87，71.

[9] 侯兆收. 公共自行车运营模式[J]. 交通科技与经济，2012（2）：81-83.

[10] 王志高，孔喆，谢建华，等. 欧洲第三代公共自行车系统案例及启示[J]. 城市交通，2009（7）：7-12.

[11] 周乐，戴继锋. 城市交通规划体系框架下的步行和自行车交通[J]. 城市交通，2014（4）：19-21.

[12] 宋传平. 自行车交通的改善措施[J]. 交通与运输，2014（4）：14-15.

[13] 胡鹏. 基于接驳的慢行交通一体化研究[D]. 武汉：华中科技大学，2008.

[14] Municipal Government of Copenhagen. Cycle Policy 2002-2012[R]. Denmark. 2002.

[15] San Diego's Regional Planning Agency. Planning and Designing For Pedestrians, Model Guidelines for the San Diego Region [R]. SANDAG2002.

[16] Alta Planning + Design Ins. Pedestrian and Bicycle Facilities in California[R], UC Berkeley Transportation Library, 2005.

[17] FruinJ. J., Pedestrian Planning and Design[J]. Metropolitan Association of Urban Designers and Environmental Planners, 1971.

[18] Schwartz WL, Porter CD et al. Guidebook on Methods to Estimate Non-Motorized Travel: Overview of Methods[J]Geographic Information Systems, 1999.

[19] Martingcigh L., VittoriaM., Town and infrastructure planning for safety and urban quality forpedestrians[R].Univ. of Roma, 2000.